广州市城市建设开发有限公司科研经费支持
广州市城乡建设委员会节能资金扶持项目

U0384136

华南地区住宅建筑
绿色技术适用性研究与集成应用分析

主　编　黄维纲
参　编　（排名不分先后）
　　　　李　炜　赵向东　陈希阳　罗　佩
　　　　郑爱军　林　柱　秦　丹　王　飞

华南理工大学出版社
SOUTH CHINA UNIVERSITY OF TECHNOLOGY PRESS
·广州·

图书在版编目(CIP)数据

华南地区住宅建筑绿色技术适用性研究与集成应用分析 / 黄维纲主编 . —广州:华南理工大学出版社,2012.7

ISBN 978 - 7 - 5623 - 3664 - 8

Ⅰ. ①华…　Ⅱ. ①黄…　Ⅲ. ①建筑工程-无污染技术-研究　Ⅳ. ①TU - 023

中国版本图书馆 CIP 数据核字(2012)第 140759 号

华南地区住宅建筑
绿色技术适用性研究与集成应用分析

黄维纲　主编

出 版 人:韩中伟

出版发行:华南理工大学出版社

(广州五山华南理工大学 17 号楼,邮编 510640)

http://www. scutpress. com. cn　　E-mail:scutc13@ scut. edu. cn

营销部电话:020 - 87113487　87111048(传真)

策划编辑:赖淑华

责任编辑:庄　彦　赖淑华

印 刷 者:佛山市浩文彩色印刷有限公司

开　　本:889mm×1230mm　1/16　印张:12　字数:450 千

版　　次:2012 年 7 月第 1 版　2012 年 7 月第 1 次印刷

印　　数:1～1500 册

定　　价:48.00 元

前　言

近年来,随着我国城市化建设的发展,在高投入粗放式经济模式下,各地不同程度地出现了资源与能源短缺、生态恶化的问题。

建设工程是人类各项活动中消耗自然资源最多的活动。它在建造和使用过程中消耗了全球资源中 50% 的能源、42% 的淡水资源和 50% 的原材料,而且导致了全球50% 的空气污染、42% 的温室效应、50% 的水污染、48% 的固体废物和 50% 的氟氯化物。可以说建筑对资源枯竭、环境恶化等生态问题有着直接而深远的影响。

绿色建筑是指在建筑的全寿命周期内(即建材的生产和运输、建筑的规划、设计、施工、维护、拆除到建筑原材料回用的整个过程)最大限度地节约能源(节能、节地、节水、节材),保护环境和减少污染,为人们提供健康、适用和高效的使用空间与自然和谐共生的建筑。其目标是达到人与建筑及环境三者间的平衡优化和持续发展。它关注的是建筑全过程的节约,强调居住人的健康,同时也最大程度地降低对环境的破坏。

自 1992 年巴西里约热内卢联合国环境与发展大会提出绿色建筑以来,中国政府开始推动绿色建筑的发展。截至 2012 年 3 月,全国已评出 371 项绿色建筑评价标识项目,总建筑面积达到 3600 多万平方米。

《绿色建筑评价标识管理办法》和《一、二星级绿色建筑评价标识管理办法》已颁布,目前全国已获得开展地方一、二星级绿色建筑评价标识工作的省、市、自治区已有30 个,广东省已颁布《广东省绿色建筑评价标准》,省绿色建筑委员会承担本省内一、二星级绿色建筑评价标识的评审工作。2012 年 2 月,广州市人民政府发布《关于加快发展绿色建筑的通告》,要求广州市的部分区域和建筑必须达到绿色建筑的要求。越秀地产作为广州市地产的领军企业,一个具有强烈社会责任感的企业,节能、绿色、低碳是坚定不移的目标和方向。本书作为越秀地产"绿色建筑"系列研究课题的成果之一,正是为满足越秀地产发展绿色建筑这一需求而进行编著的。

本书通过对绿色建筑评价标准的解析和对当前开发绿色地产较成功的地产商其绿色建筑技术措施的分析,并结合实际调研情况,总结出绿色建筑方案优选指南,希望能为读者学习和实践绿色建筑提供参考。

本书由黄维纲担任主编,参加本书编写的还有罗佩、林柱、秦丹、王飞,李炜、赵向东、陈希阳、郑爱军。在编写本书过程中得到了华南理工大学赵立华教授及其学生的大力帮助,此外在评审阶段,黄玉萍、陈宁旭总工为本书提出了宝贵的意见,在此表示衷心感谢。

鉴于作者学识有限,书中的错漏在所难免,衷心希望各位读者给予批评指正。

编者
2012 年 5 月

目　　录

第1章 绪 论

1.1 绿色建筑的概念

绿色建筑是指在建筑的全寿命周期内,最大限度地节约资源(节能、节地、节水、节材),保护环境和减少污染,为人们提供健康、适用和高效的使用空间与自然和谐共生的建筑。(摘自《GB 50378—2006 绿色建筑评价标准》)

绿色建筑标准的条文分 6 类指标,包括节地与室外环境、节能与能源利用、节水与水资源利用、节材与材料资源利用、室内环境质量、运营管理。每类指标又分为控制项、一般项和优选项,其中控制项必须全部满足,且按照满足一般项和优选项的数量,划分不同等级(表1-1)。

表 1-1 划分绿色建筑等级的项数要求(住宅建筑)

等级	一般项(共40项)						优选项数
	节地与室外环境	节能与能源利用	节水与水资源利用	节材与材料资源利用	室内环境质量	运营管理	
	共8项	共6项	共6项	共7项	共6项	共7项	共9项
★	4	2	3	3	2	4	
★★	5	3	4	4	3	5	3
★★★	6	4	5	5	4	6	5

1.2 研究绿色建筑的意义

在全球气候变暖的危机影响下,世界各国对降低温室气体的排放空前重视,我国也把节能减排作为当前政府的重要工作。建筑是温室气体排放的主要来源之一,对气候变化有着重要影响。据统计,在我国,85%的能源被城镇所消耗,85%的二氧化碳排放来自城镇。随着城镇化的不断推进以及生活水平的提高,居民的生活模式开始向舒适型转变,对建筑面积、建筑室内环境舒适度等居住条件要求逐步提高,这就进一步要求我们将可持续发展的理念融入建筑的整个寿命周期,即发展绿色建筑,倡导节能、节地、节水、节材和环境保护。

此外,华南地区其他地产商如万科、招商等相继出台了内部相关标准或措施,越秀地产近年来着手开发绿色居住建筑,为了能够真正发挥绿色建筑"四节一环保"的优点,而不是简单意义上技术的堆砌,在设计方案构成、规划阶段就要开始着手于绿色技术的应用,这也就是本书研究的意义所在。

1.3 绿色建筑发展现状

《绿色建筑评价标识管理办法》和《一、二星级绿色建筑评价标识管理办法》已颁布,目前全国已获得开展地方一、二星级绿色建筑评价标识工作的省、市、自治区达到30个。截至 2012 年 3 月,全国已评出 371 项绿色建筑评价标识项目,总建筑面积达到 3600 多万平方米。

目前广东省住房和城乡建设厅已发布《广东省绿色建筑评价标准》,一、二星级绿色建筑标识可在广东省内进行评审。广州市建委为促进绿色建筑发展,在 2010 年 9 月印发了《广州市发展绿色建筑指导意见》的函,2012年1月发布了《关于加快发展绿色建筑的通告》。这也就意味着广州开发绿色建筑成为建筑行业的发展趋势。

1.4　实现方式

本书主要的研究思路:收集华南地区绿色建筑评价标准,再收集整理越秀集团建设中或者正在设计中的绿色住宅物业设计文件及相关申报资料—联系销售人员,对绿色住宅的销售情况进行调查访问—进行实地调研并与物业管理人员座谈交流使用中的成功的经验与存在的问题—对调查结果进行归纳、对比、分析,完成报告。

研究过程主要采取以下几种基本方式:

1.4.1　参加学术会议及交流活动

由于本书涉及较多应用技术及项目经验,需要通过参加这些学术会议和技术交流活动获得技术信息并参考借鉴其他科研单位、地产商的成功经验。如:
- ➢ "第一届热带及亚热带地区绿色建筑技术论坛";
- ➢ "绿色新区建设研讨会";
- ➢ "广州市—昆士兰州可持续城市发展及绿色建筑交流会";
- ➢ "第七届国际绿色建筑与建筑节能大会";
- ➢ "第七届清华大学建筑节能学术周";
- ➢ 与香港大学进行学术参观交流活动;
- ➢ "第二届热带及亚热带地区绿色建筑技术论坛"等。

1.4.2　资料收集

通过期刊、书籍、网络、问卷等途径收集项目资料,进行整理分析。

1.4.3　现场调研

进行实地调研共有20多个绿色建筑项目,调研范围涉及全国5个气候区域中的寒冷地区、夏热冬冷地区、夏热冬暖地区。如京津地区的万科锦庐、万科长阳半岛、世茂湿地公园、津澜阙等项目;湖北湖南两省的汉宫一号、青城国际、海山·金谷天城2～4号楼、万科高尔夫5期、长沙保利麓谷林语、长沙万国城MOMA;广东地区的万科城四期、金山谷、万科府前花园等。

1.4.4　参与绿色建筑项目并总结归纳

研究人员通过收集越秀地产绿色建筑项目资料,参与这些项目的会议讨论,听取咨询单位和项目涉及的各方讨论实施的技术、遇到的问题等,为制定华南地区绿色建筑标准积累经验。对收集的资料、项目经验、现场调研情况进行分析总结,探寻出低成本又实用的适合华南地区的技术措施。

第2章 绿色建筑评价标准解析

2.1 国家绿色建筑评价标准条文要求

根据国家绿色建筑评价标准(以下简称标准)要求,建造绿色建筑项目不仅对设计单位有要求,同时对业主、施工单位和物业单位也有相关要求。根据标准条文和综合细则的说明以及专业人员的解答,为了满足标准中控制项、一般项、优选项的要求,需要设计单位、业主、施工单位、物业公司共同参与并采取相应措施和技术等整理成表格。本部分内容根据绿色建筑的要求划分为节地与室外环境、节能与能源利用、节水与水资源利用、节材与材料资源利用、室内环境质量、运营管理六方面。各方面的详细要求见表2-1～表2-6。

2.1.1 节地与室外环境

表2-1 节地与室外环境绿色技术和措施表

指标名称	类别	标准条文	对相关方要求				
			咨询单位	设计单位	业主	施工单位	物业公司
节地与室外环境	控制项	4.1.1		①规划合法,执行上层规划对场地的要求;在设计中尽可能维持原有场地的地形地貌,减少对原有场地环境的改变,避免对原有生态环境的破坏 ②如果对自然水系进行改造,要对改造的必要性、措施与结果进行评估,在工程结束后进行生态复原,因此评审要看地形图和设计方案进行对比,以达到场地建设不破坏文物及其他的目的	提供场地原始地形图	项目建设中严格执行规划要求	
		4.1.2		执行上层规划对场地的要求,如果建筑场地受到洪涝灾害或泥石流的威胁,应采取合理的工程措施,并在设计文件中体现	①对项目周边的危险源,应进行环境评估(以下称环评),必要时进行专门的检测,环评报告中应明确建筑场地安全范围内没有电磁辐射危害和火、爆、有毒物质等危险源,避免缺漏内容 ②进行土壤含氡检测 ③如果场地选址内确实存在不安全因素,并采取了措施避让,应再次检测		

指标名称	类别	标准条文	对相关方要求				
			咨询单位	设计单位	业主	施工单位	物业公司
节地与室外环境	控制项	4.1.3	当项目整体用地指标超标时,需提出可申报的项目范围	①各种户型比例符合规划主管部门的要求。当户型较大时,应要求规划部门提供区域内户型比例平衡的有关文件,避免过低的建筑密度或容积率 ②准确计算总平面图中各项综合技术经济指标	建筑用地必须获得地方规划部门的批准		
		4.1.4	根据图纸进行日照模拟分析,并有明确的结论	①合理确定住宅建筑布局与间距 ②图纸设计时注意与周边建筑的相邻关系,避免住宅建筑被遮挡后不能满足标准要求			
		4.1.5		园林景观专业图纸中的种植图及植物配置苗木表应满足: ①选择维护少、耐候性强、病虫害少、对人体无害的植物 ②选择适应当地气候和土壤条件的植物	按照设计图纸要求及配置购买苗木		
		4.1.6		在建筑总平面图中明确绿地和公共绿地的范围,并计算绿地率和人均公共绿地面积指标。注意: ①绿地率计算中,各类绿地面积包括:公共绿地、宅旁绿地、公共服务设施附属绿地和道路绿地(道路红线内的绿地),其中包括满足当地植树绿化覆土要求、方便居民出入的地下或半地下建筑的屋顶绿化,不包括其他屋顶、晒台的人工绿地 ②当地如无植树绿化覆土要求,可结合标准4.1.14条关于种植乔木的规定,证明覆土部分的屋顶绿化可以植树。(浅根乔木0.9m,深根乔木1.5m) ③计算公共绿地面积时,不能将居住区内所有绿地面积等同于公共绿地面积。公共绿地应满足以下要求:宽度不小于8m,面积不小于400m²。应有不少于1/3的绿地在标准的建筑日照阴影线范围之外 ④在计算人均用地指标和人均绿地指标时,应采用相同的人口数			

指标名称	类别	标准条文	对相关方要求				
			咨询单位	设计单位	业主	施工单位	物业公司
节地与室外环境	控制项			⑤应注意图表一致 ⑥绿地的计算范围不局限于本项目,可在一个相对完整的区域内进行,如:参评范围仅为总图的一部分,但区域内有集中绿地,则判定达标			
		4.1.7		①如环境评估报告中确定场地有污染源,则根据其推荐的隔离污染源的方法,在设计文件中体现采用的合理的隔离方法及措施 ②合理规划布局各功能建筑,将易产生污染的建筑或设施远离居住区,或采取措施进行隔离,使污染物对居民的影响最小化 此处污染源主要指:易产生噪声的学校和运动场地,易产生烟、气、尘、声的饮食店、修理铺、锅炉房和垃圾转运站等	环境评估报告中要有相关章节,确定场地范围内是否存在污染源,对已建成的项目,检测投入使用后的噪声、空气质量、水质、光污染等各项环境指标是否达标		
		4.1.8		设计阶段不参评		①在施工过程中采取相应保护环境的措施,提交环境保护计划书、做好现场记录、保留有关文档(照片、录像等) ②减少施工对土壤环境的破坏;制定降噪措施;工地污水排放达标;减少对周边区域的光污染;采取措施保障施工场地周边人群、设施的安全	
	一般项	4.1.9		规划、建筑专业图纸或说明中应体现: ①按照规划文件中的要求建设配套设施 ②在较大的范围内分析住区周边公共设施的种类、规模和服务距离,并在项目内补充完善其他必要的设施,满足规范的要求 ③住区内建立会所和幼儿园,提供可共享设施和集中布置设施的类型、项目、数量等说明			

指标名称	类别	标准条文	对相关方要求				
			咨询单位	设计单位	业主	施工单位	物业公司
节地与室外环境	一般项	4.1.10		①对原有场地内的旧建筑进行充分利用并提供如何利用的说明。规划设计阶段可根据规划要求保留或改变旧建筑原有的使用性质,并纳入规划建设项目,如对尚可使用的建筑进行适当保留与改造,用作公共配套服务设施,如体育场馆、会所、工作室或主题商业设施等 ②对旧建筑进行改造时,不应大规模整体拆建。如需拆建,对拆除后的废弃物进行资源化处理。改造过程中,应拆除对建筑用户构成污染风险的构件,更新过时的构件,如窗户、机械系统和管道设施等。若原场地无旧建筑,本条不参评	提供原始地形图以及旧建筑情况说明文件		
		4.1.11	对环境噪声进行模拟预测	①场地内不得设置未经有效处理的强噪声源,对强噪声源应进行掩蔽处理措施 ②将超市、餐饮、娱乐等对噪声不敏感的建筑物排列在场地外围临交通干道上,形成周边式的声屏障。将对安静要求较高的建筑设置于本区域主要噪声源主导风向的上风侧 ③适当采用降噪路面,如沥青路面等 ④当环境评估报告中环境噪声不符合标准要求时,还需采用隔声屏障、中空玻璃等降噪措施	提交环境评估报告,报告中应包含对场地周边噪声情况描述的内容		
		4.1.12	热岛模拟分析报告	①规划设计时,确定适宜的建筑密度和建筑布局,保证住区内良好的风环境 ②合理利用景观特征遮挡建筑表面和硬质地面 ③采用植物表面、透水地面等替代硬质表面(屋面、道路、人行道等) ④屋面采用高反射率材料以减少吸热 ⑤外墙采用浅色饰面以减少吸热	对已建成项目,提供典型热岛强度测试报告		

续表 2－1

指标名称	类别	标准条文	对相关方要求				
			咨询单位	设计单位	业主	施工单位	物业公司
节地与室外环境	一般项			⑥可在热环境不利点（热岛效应高处）布置水池、喷泉、人工瀑布等水体景观，既可降温，又可美化环境 ⑦合理设计空调室外机和厨房排热装置等摆放位置，减少由于排热对住区热环境造成的不良影响			
节地与室外环境	一般项	4. 1. 13	风环境模拟预测分析报告	①利用 CFD 等数字模拟软件优化设计 ②保证合理的建筑密度 ③建筑布局不形成完全封闭的围合空间，在群体空间布局上可采取相对夏季和过渡季节时主导风向的前后错列、斜列、前短后长、前低后高、前疏后密等方式以疏导通风气流。对北方地区，北向宜形成挡风面，南向宜形成进风面 ④合理设计底层架空或空中花园改善后排住宅的通风 ⑤考虑小气候的影响，充分利用山地的山阴风、顺坡风，谷地的山谷风，江河湖海岸边的水陆风，林地周围的林源风等，使建筑布局适应小气候的风向变化 ⑥室外场地宜设置构筑物防止冬季风害，并合理设计屋檐、屋顶形状，高层建筑周围可设计低矮的附属建筑，使高速气流停留至低层部分的屋顶			
节地与室外环境	一般项	4. 1. 14		景观专业图纸中应体现：据当地的气候条件和植物自然分布特点，栽植多种类型的植物，乔、灌、草结合构成多层次的植物群落，避免出现大面积的纯草坪。提供住区园林种植施工图及苗木表，图中应标明具体植物名称及数量，苗木表应与种植图对应，统计各种植物的数量			
节地与室外环境	一般项	4. 1. 15		规划设计时考虑住区主要出入口与公共交通站点的距离，满足步行不超过 500m 的要求	提供场地及其周边的交通地图。规划公共交通站点位置应提供有效的证明（如地图、公交线路图等有站点的资料）		

指标名称	类别	标准条文	对相关方要求				
			咨询单位	设计单位	业主	施工单位	物业公司
节地与室外环境	一般项	4.1.16	计算室外透水地面面积比	园林景观场地铺装图纸中应体现： ①非机动车道路、地面停车场和其他硬质铺地应采用透水地面，并利用园林绿化提供遮阳 ②提供透水地面的施工图，标明透水地面的设计范围、铺地材料的镂空率（需≥40%）、基层的做法等，透水性路面须有与之相配套的开放式透水性路基 ③如果将地下室顶板上的绿化面积计入透水地面面积，必须征得当地园林部门的意见，按当地园林部门认可的折算比例进行计算。同时地下室顶板上的绿化还应采取工程措施，能有效地将雨水引到实土绿地入渗，可设渗透管、渗透管渠、渗井等。采取入渗措施时，应注意避免地面沉降			
		4.1.17		地下空间可用于布置建筑设备机房、自行车库、机动车库、物业用房、商业用房、会所等；提供建筑地下室平面图，计算地下空间建筑面积与地面建筑面积之比。利用地下空间应结合当地实际情况（如地下水位的高低等），处理好地下室入口与地面的有机联系、通风、防火及防渗漏等问题			
	优选项	4.1.18		①利用废弃场地，对原有场地进行检测和改造。提供原有场地条件说明、改造措施。对原有场地进行检测或处理。对于仓库与工厂弃置地，则需对土壤是否含有有毒物质进行检测和相关处理后方可使用 ②对坡度很大的场地应作分台、加固等处理 ③制定和实施一套场址污染补救方案	提供原有场地条件说明，提供场地检测评估报告		

2.1.2　节能与能源利用

表 2-2　节能与能源利用绿色技术和措施表

指标名称	类别	标准条文	对相关方要求				
			咨询单位	设计单位	业主	施工单位	物业公司
节能与能源利用	控制项	4.2.1		①围护结构热工性能指标按照国家和当地节能标准中强制条文进行设计,若部分指标达不到规定性要求,需采用软件模拟方式进行权衡判断,并提供节能计算书 ②对采用了集中空调或集中采暖的居住建筑,要求控制设备的能效比和管网系统的输送效率,体现在空调专业设计说明上			
		4.2.2		在空调专业设计说明及图纸上写明冷水机组或单元式空调机组的性能系数、能效比	购买的设备要符合设计要求		运行阶段评价要查看设备铭牌和使用手册
		4.2.3		空调专业图纸或说明中应包含: ①对于集中采暖系统,楼前安装楼栋热量表,房间内设置水流量的调节阀(包括三通阀)、末端设温控器或热计量装置 ②对集中空调系统,设计使住户可对空调的送风或空调给水进行分档控制的调节装置及冷量计量装置 ③设置能进行热(冷)量费用分摊的设施和方法(如:户用热量表、分计量热水表或至少按面积分摊),有采暖时需提供热量分户计量系统图			
	一般项	4.2.4	提供通风模拟、日照、采光模拟等报告	①合理规划建筑布局,保证足够的楼距,建构开敞的空间 ②利用建筑本体的相互关系,使用户处于隐蔽的部位 ③将住宅中的主要使用空间与受热辐射较大的部位隔离开来 ④建筑单体设计时,体形系数、朝向、窗墙面积比和外窗可开启面积满足建筑节能设计标准的参数要求			

指标名称	类别	标准条文	对相关方要求				
			咨询单位	设计单位	业主	施工单位	物业公司
节能与能源利用	一般项			⑤结合建筑形体,采取有效的遮阳措施,且遮阳系数满足建筑节能设计标准的要求			
		4.2.5		空调专业图纸或说明包含: ①集中空调(采暖)系统的输配系统效率、风机单位风量耗功率和锅炉效率根据《GB 50189—2005 公共建筑节能标准》中 5.2.8,5.3.26,5.3.27 和 5.4.3 条严格计算、选用,且在设计说明中需明示设备的选用效率、系统的传输效率,并明确计算方法和计算对象 ②分散式采暖、空调设备要根据单元式空调机、空气源热泵机组和户式壁挂燃气锅炉等类型分别选用高效能产品 ③不参评条件:选用分散式空调采暖设备,且未在设计图纸上反映	提供第三方出具的相关设备的型式检验报告或证明符合能效要求的检验报告,建设监理单位提供进场验收记录		
		4.2.6		空调专业图纸或说明等文件要满足: ①冷水机组的性能系数根据《GB 19577—2004 冷水机组能效限定值及能源效率等级》选取:活塞/涡旋式第 4 级,水冷离心式第 2 级,螺杆机第 3 级 ②单元式空调机组能效比根据《GB 19577—2004 冷水机组能效限定值及能源效率等级》中表 2 的第 3 级选取 ③不参评条件:住宅未设置集中空调系统 尽量采用无 CFC 的环保制冷剂	提供机组铭牌和运行手册,提供第三方出具的相关设备的型式检验报告或证明符合能效要求的检验报告,建设监理单位提供进场验收记录		
		4.2.7		电气专业图纸及说明应体现: ①公共场所和部位的照明采用高效光源、高效灯具和低损耗镇流器等附件 ②楼梯间等有自然采光的区域并设置合理的照明声控、光控、定时、感应等自控装置	提供照明产品清单		实行有效的照明系统节能运行管理

指标名称	类别	标准条文	对相关方要求				
			咨询单位	设计单位	业主	施工单位	物业公司
节能与能源利用	一般项			③公共场所照明设计不高于《照明设计标准》规定的照明功率密度(LPD)的现行值 ④照明施工图中应有对照明系统、照明设计参数的完整详细说明,并与设计图纸吻合			
		4.2.8		空调专业图纸或说明体现: ①集中新、排风的系统:在集中新风机处设置能量回收装置 ②不设集中新、排风的系统:分户(室)采用带热回收的双向换气装置,但要分析系统的适用性(如对建筑立面的影响、风道阻力设计、新排风口的设置) ③暖通施工图设计说明应有对能量回收系统的相关说明,并与设计图纸一致 ④说明中提供能量回收系统的技术经济分析,包括系统的形式、风量、预计节能量、投资回收期、对立面的影响等	让厂家提供相关产品说明及第三方检测机构的检验报告,让建设监理单位提供竣工验收资料(风量、热交换效率的检验记录)		提供风量、温度运行记录
		4.2.9		这里的可再生能源包括太阳能、地源热泵、地热水,华南地区不适合采用地源热泵、地热水,一般只适合太阳能热水,但高层建筑实现25%住户使用太阳能热水有难度。本条要做的话,需提供可再生能源利用系统设计说明,计算可产生的电量或热水量、可再生能源利用率等;对于太阳能光伏发电技术需对其合理性进行分析,仅采用部分太阳能路灯、太阳能发电后再驱动热泵的系统不能得分			提供系统运行记录或测试报告
	优选项	4.2.10	提供能耗模拟计算报告	建筑和空调专业通过提高围护结构热工性能(如外遮阳、性能好的玻璃、隔热等)及选用高效能的设备系统,提高管网系统的输送效率等途径改善设计,并进行能耗模拟计算来满足本条要求。需提供节能技术报告书(以管理部门批复后的复印件为准)、施工图说明、施工图节能备案资料			提供提交运行记录分析
		4.2.11		要求同标准条文4.2.9,但要求使用的比例更高			

2.1.3 节水与水资源利用

表2-3 节水与水资源利用绿色技术和措施表

指标名称	类别	标准条文	对相关方要求				
			咨询单位	设计单位	业主	施工单位	物业公司
节水与水资源利用	控制项	4.3.1	提供水系统规划方案专项报告	①用水定额参照《GB 50555—2010民用建筑节水设计标准》 ②给水系统设计要符合国家标准规范的相关规定。说明中应包含:供水方式、给水系统的划分及组合情况、分质分压分区供水的情况、当水量水压不满足时采取的措施、防水质污染措施 ③排水系统设计要符合国家标准规范的相关规定。说明中应包含:排水系统的选择及排水体制、污废水排水量等 ④说明系统设计中采用的节水器具、高效节水设备、系统设计中采用的技术措施等。满足《CJ 164—2002节水型生活用水器具》及《GB 18870—2002节水型产品技术条件与管理通则》的要求 ⑤污水处理按照市政部门提供的市政排水条件,设置完善的污水收集和污水排放等设施,污水排放水质应达到国家及地方相关排放标准,缺水地区还应考虑回用污水处理率和达标排放量尽量达到100%			
		4.3.2		给排水专业图纸及说明中应体现: ①室内外给水管道选用合格管材,如采取管道涂衬等措施 ②采取有效的防腐、保护措施 ③选用性能高的阀门、零泄露阀门等,如在冲洗排水阀、消火栓、通气阀的阀前增设软密封闭阀或蝶阀 ④合理设计供水压力,避免供水压力持续高压或压力骤变 ⑤选用高灵敏度计量水表,而且根据水平衡测试标准安装分级计量水表,计量水表安装率达100% ⑥管道采用热熔、电熔等密封	采购时需让厂家提供产品说明,加强管道工程施工监督	做好管道基础处理和覆土,控制管道埋深,把好施工质量关	提供用水量计量情况报告,报告包括住区建筑内用水计量实测记录,管道漏损率和原因分析

指标名称	类别	标准条文	对相关方要求				
			咨询单位	设计单位	业主	施工单位	物业公司
节水与水资源利用	控制项	4.3.3	提供可参考的节水器具名称	性能好的连接方式 ⑦合理设置检修阀门位置及数量,降低检修时的泄水量 ⑧根据给水系统的用水量和水压要求,选择节能型水泵,水泵应长时间在高效区运行。住宅区管网漏失率应不高于5% (1)如果住宅建筑内全部采用节水水龙头和节水便器,节水率可达8%以上。因此,住宅采用节水器具和设备,其节水率控制在不低于8%实际是能够达到的。所以要求给排水专业的设计说明书、主要设备材料表中应有下面内容:所用用水器具应优先选用原国家经济贸易委员会2001年第5号公告《当前国家鼓励发展的节水设备》(产品)目录中公布的设备、器材和器具。对采用产业化装修的住宅建筑套内也应采用节水器具。所有用水器具应满足《CJ 164—2002 节水型生活用水器具》及《GB 18870—2002 节水型产品技术条件与管理通则》的要求: ①节水龙头:加气节水水龙头、陶瓷阀芯水龙头、停水自动关闭水龙头等 ②坐便器:压力流防臭、压力流冲击式6L直排便器、3L/6L两档节水型虹吸式排水坐便器及6L以下直排节水型坐便器或感应式节水型坐便器,缺水地区可选用带洗手水龙头的水箱坐便器 ③节水淋浴器:水温调节器、节水型淋浴喷嘴等 ④节水型电器:节水洗衣机、洗碗机等 ⑤空调专业冷却塔选择满足《节水型产品技术条件与管理通则》要求的产品 (2)采用减压限流措施,建筑用水点处供水压力不大于0.2MPa	提供的产品说明书、产品检测报告,需满足设计要求		提供全年用水量逐月的计量数据

指标名称	类别	标准条文	对相关方要求				
			咨询单位	设计单位	业主	施工单位	物业公司
节水与水资源利用	控制项			（3）设集中生活热水系统时,应设干、立管循环,且用水点开启后10s内出热水			
		4.3.4	确定是否利用非传统水源以及非传统水源水量的利用程度,提供水量平衡计算书、非传统水源的选择与计算报告	① 给排水专业进行景观水体（包含景观中池水、流水、跌水、喷水和涌水等）设计时,应采用再生水、中水或雨水。图纸、设计说明中应包含对本地水资源状况、地形地貌、气候特点的分析及水量平衡计算、水质保障措施等 ② 景观水体设计宜采用生态型的湖岸、湖底的设计,建议不用"三面光"式设计 ③ 排入景观水体的中水、雨水等水质需达到《GB T18921—2002城市污水再生利用——景观环境用水水质》的水质要求 ④ 为保障景观水体水质,宜在景观水体中修建人工湿地、生态湖岸或景观水体生态圈对水质进行净化和保持 ⑤ 景观水体应加强水体的水力循环,利用水泵形成内外循环,使水体循环通过人工湿地、生态湖岸或生态圈进行生态恢复与重建,可进一步净化和保持水质			① 提供用水量报告和系统运行报告 ② 加强景观水体的日常水质管理,包括:定期进行景观水体中漂浮物（如树叶等）的撤除与打捞;充分注意水体底泥淤积情况,进行季节性或定期清淤等
		4.3.5	向设计人员提供用水安全保障措施具体做法的技术支持	给排水专业图纸、设计说明中应体现下列内容: ①雨水或再生水等非传统水源在储存、输配等过程中有足够的消毒杀菌能力,且水质不会被污染,水质符合国家标准《GB T18921—2002城市污水再生利用——景观环境用水水质》《GB T18920—2002城市污水再生利用城市杂用水水质》和《GB 50400—2006建筑与小区雨水利用工程技术规范》等的规定		雨水或再生水管道及各种设备应有明显的标识,以保证与生活用水管道严格区分,防止误接、误用	

指标名称	类别	标准条文	对相关方要求				
			咨询单位	设计单位	业主	施工单位	物业公司
节水与水资源利用	控制项			②雨水或再生水等非传统水源在处理、储存、输配等过程中符合《GB 50335—2002 污水再生利用工程设计规范》、《GB 50336—2002 建筑中水设计规范》及《GB 50400—2006 建筑与小区雨水利用工程技术规范》等的相关要求　③雨水或再生水管道及各种设备应有明显的标识,以保证与生活用水管道严格区分,防止误接、误用　④供水系统设有备用水源、溢流装置及相关切换设施等,以保障水量安全　⑤当采用自来水补水时,应采取防污染措施　⑥景观水体采用雨水或再生水时,在水景规划及设计阶段应将水景设计和水质安全保障措施结合起来考虑。注意:非传统水源利用的过程中必须要有消毒措施,规模不大于 100m³/d 时,可采用氯片作为消毒剂;规模大于 100m³/d 时,可采用次氯酸钠或者其他消毒剂消毒　此部分内容可由专业公司深化完成,设计单位需要与专业公司做好配合工作			
	一般项	4.3.6	向设计人员提供采用雨水渗透措施的具体做法	水专业和景观专业图纸及设计说明中应包含:　(1)可根据项目条件合理选择截污装置,依据地形和高低关系布置雨水径流途径,如:　①当建筑附近有下凹式绿地时,可采用:屋面雨水→下凹式绿地→植被浅沟→收集利用/排放　②当建筑附近为硬化路面时,可采用:雨水径流→植被浅沟→截污滤网→暗渠→收集利用/排放　(2)雨水渗透的措施及做法:　①小区或住区中路面和停车位可采用透水铺装材质	让厂家提供购买的产品说明		

指标名称	类别	标准条文	对相关方要求				
			咨询单位	设计单位	业主	施工单位	物业公司
节水与水资源利用	一般项			②公共活动场地、人行道、露天停车场的铺地材质,应采用多孔材质,以利于雨水入渗,如采用多孔沥青地面、多孔混凝土地面等 ③将雨水排放的非渗透管改为渗透管或穿孔管,兼具渗透和排放两种功能 ④采用景观贮留渗透水池、屋顶花园及中庭花园、渗井、雨水花园和下凹式绿地等增加渗透量 (3)注意: ①透水地面应设透水面层,找平层和透水垫层,透水面层可采用透水混凝土、透水面砖、草坪砖等;透水垫层可采用无砂混凝土、砾石、沙、沙砾料或其组合 ②透水地面面层的渗透系数均应大于 1×10^{-4} m/s,找平层和垫层的渗透系数必须大于面层。透水地面的设计标准不宜低于重现期为 2 年的 60min 降雨量 ③面层厚度不少于 60mm,孔隙率不小于 20%;找平层厚度宜为 30mm ④透水垫层厚度不小于 150mm,孔隙率不小于 30% ⑤草坪砖地面的整体渗透系数应大于 1×10^{-4} m/s ⑥应满足相应的承载力、抗冻要求			
		4.3.7	提供非传统水源利用方案和处理工艺图纸,非传统水源利用方案中,必须包含非传统水源利用水量平衡表、用途、水量估算等	水专业提供非传统水源设计图纸、设计说明,这些文件中的内容应包括: ①不缺水地区应尽量利用雨水进行绿化灌溉;缺水地区应优先考虑采用雨水或再生水进行绿化灌溉 ②建筑物或住区应规划利用屋顶作为雨水收集面积,再把雨水适当处理与贮存。并设置二元供水系统(即自来水及雨水分别使用之管线),将雨水作为绿化、洗车、道路冲洗、垃圾间冲洗等非饮用用水			提供全年非传统水源系统用水量计量报告和自来水补水计量报告

16

指标名称	类别	标准条文	对相关方要求				
			咨询单位	设计单位	业主	施工单位	物业公司
				③处理工艺:雨水→初期弃流装置→贮水池→混凝过滤消毒→清水池→绿化、浇洒、洗车			
		4.3.8		此项为无条件参评项,满足以下任一点即可达标: ①采用滴灌、微喷灌、渗灌、管灌 ②采用喷灌 这些内容应反映到给排水专业、景观专业设计图纸、设计说明中,并明确绿化灌溉方式、灌溉设施等	让厂家提供产品说明书		提供水表计量结果
节水与水资源利用	一般项	4.3.9	提供非传统水源利用方案和处理工艺图纸	给排水专业提供设计图纸、设计说明,当满足以下任何一点时即可达标: ①优先选用市政再生水 ②自设建筑中水设施时,采用地埋式或封闭式设施,选用无污泥系统或少污泥系统 ③自设建筑中水设施时,污水处理应选用经济、使用成熟的处理工艺、安全可靠的消毒技术 具体可采取的措施有: ①住区周围有集中再生水厂的,首先应采用本地区市政再生水或上游地区市政再生水;没有集中再生水厂的,要根据本建筑所在之省、市的中水设施建设管理办法或其他相关规定,确定是否建设建筑再生水处理设施,并依次考虑建筑优质杂排水、杂排水、生活排水等的再生利用。一般可按下列顺序取舍:冷却水→淋浴排水→盥洗排水→洗衣排水→厨房排水→厕所排水,总之,再生水水源的选择及再生水利用应从区域统筹和城市规划的层面上整体考虑 ②再生处理工艺应根据处理规模水质特性和利用回用的用途及当地的实际情况和要求,经全面技术经济比较后优选确定。在保证满足再生利用要求、运行稳定可靠的前提下,使基建投资和运	提供当地市政主管部门对项目使用市政再生水或自建中水设施的相关规定;项目使用市政再生水的许可文件		提供系统设备运行记录;全年非传统水源用水计量结果报告和自来水补水计量结果报告

指标名称	类别	标准条文	对相关方要求				
			咨询单位	设计单位	业主	施工单位	物业公司
				行成本的综合费用最为经济,运行管理简单,控制调节方便,同时要求具有良好的安全、卫生条件。所有的再生处理工艺都应有消毒处理,确保出水水质的安全			
节水与水资源利用	一般项	4.3.10	提供非传统水源利用方案和处理工艺图纸	当满足以下任何一点时即可达标: ①收集利用屋面、道路、绿地雨水 ②收集利用屋面雨水 给排水专业提供设计图纸、设计说明。雨水利用设计应该包括以下几点内容: ①雨水利用的可行性、经济性和适用性分析 ②雨水处理工艺流程的确定 ③进行水量平衡分析,确定雨水收集量和雨水利用量 ④雨水收集利用系统的设计必须符合《GB 50400—2006 建筑与小区雨水利用工程技术规范》的相关规定 ⑤雨水经处理后,输送过程中的水质保障措施 雨水利用设计时应注意以下几点: ①雨水收集利用系统可与小区或住区景观水体设计相结合,优先利用景观水体(池)调蓄雨水。地形条件有利时可优先考虑植被浅沟等生态化措施 ②收集回用系统应设置雨水储存设施,雨水储存设施的有效储水容积不宜小于集水面重现期 1～2 年的日雨水设计径流总量扣除设计初期径流弃流量;雨水可回用水量宜按雨水设计径流总量的 90% 计算 ③根据用水对象,对收集的雨水应进行单独人工处理或进入住区中水处理系统,处理后的雨水水质应达到相应用途的水质标准,宜优先考虑适用于室外的绿化、景观用水			提供系统设备运行数据报告(全年逐月雨水用量记录报告)

指标名称	类别	标准条文	对相关方要求				
			咨询单位	设计单位	业主	施工单位	物业公司
节水与水资源利用	一般项	4.3.11	提供非传统水源利用率计算书	④雨水单独处理宜采用渗水槽系统,渗水槽内宜装填砾石或其他滤料;南方条件适宜地区可选用氧化塘、人工湿地、土壤渗滤等自然净化系统,并结合当地的气候特点等,选用本地的一些水生植物 注意:雨水收集回用系统应优先收集屋面雨水,不宜收集机动车道路等污染严重的场地垫面上的雨水 非传统水源使用的各个位置均应设置水表 非传统水源利用率可通过下列公式计算: $R_u = W_u/W_t$, $W_u = W_R + W_r + W_s + W_o$ R_u——非传统水源利用率,% ; W_u——非传统水源设计使用量(规划设计阶段)或实际使用量(运行阶段),m^3/a; W_R——再生水设计利用量(规划设计阶段)或实际利用量(运行阶段),m^3/a; W_r——雨水设计利用量(规划设计阶段)或实际利用量(运行阶段),m^3/a; W_s——海水设计利用量(规划设计阶段)或实际利用量(运行阶段),m^3/a; W_o——其他非传统水源利用量(规划设计阶段)或实际利用量(运行阶段),m^3/a; W_t——设计用水总量(规划设计阶段)或实际用水总量(运行阶段),m^3/a。 上面提到的各种用水量在计算过程中要注意将最高日用水量转换成平均日用水量,并最终按年用水量计算 一般绿化、道路浇洒、洗车用水等采用非传统水源,可达到10%的比例			提供系统设备运行数据报告(用水量记录报告)

指标名称	类别	标准条文	对相关方要求				
			咨询单位	设计单位	业主	施工单位	物业公司
节水与水资源利用	优选项	4.3.12	提供非传统水源利用率计算书	给排水专业提供设计说明书和非传统水源利用报告,证明达到本条和标准条文 4.3.11 的要求。一般: ①若非传统水源采用集中再生水厂的再生水或采用海水,对只有冲厕或室外用水采用非传统水源住宅建筑,若不考虑非传统水源原水量,其非传统水源利用率都能达到 10% 以上;若室内与室外均采用,则利用率会更高,可以不低于 30% ②若非传统水源采用居住小区的建筑再生水,通过收集、处理、利用雨水,将其作为非传统水源,与建筑优质杂排水或杂排水等一起考虑,这种情况下若只考虑室外杂用,则只收集雨水和部分优质杂排水就能满足 10% 的利用率要求,若也考虑冲厕等室内杂用,收集雨水和优质杂排水或杂排水则能满足 30% 的利用率要求			运行数据报告(用水量记录报告)

2.1.4 节材与材料资源利用

表 2 - 4　节材与材料资源利用绿色技术和措施表

指标名称	类别	标准条文	对相关方要求				
			咨询单位	设计单位	业主	施工单位	物业公司
节材与材料资源利用	控制项	4.4.1		设计阶段不参评	①采购时需保留厂家提供的国家认证认可监督管理委员会授权的具有资质的第三方检验机构出具的建材产品检验报告、出厂检验报告(应包括有害物质散发情况) ②应让监理单位提供材料的进场验收复验记录	①提供工程决算材料清单(标明生产厂家) ②采购时需保留厂家提供的国家认证认可监督管理委员会授权的具有资质的第三方检验机	留存相关资料

指标名称	类别	标准条文	对相关方要求				
			咨询单位	设计单位	业主	施工单位	物业公司
节材与材料资源利用	控制项					构出具的建材产品检验报告、出厂检验报告（应包括有害物质散发情况）	
	一般项	4.4.2		提供全部疑似装饰性构件及其功能一览表,要求: ①不具备遮阳、导光、导风、载物、辅助绿化等作用的飘板、格栅和构架等未作为构成要素在建筑中使用,或虽使用但其相应工程造价小于工程总造价的 2% ②未在屋顶等处设立单纯为追求标志性效果的塔、球、曲面等异型构件,或虽设立但其相应工程造价小于工程总造价的 2% ③女儿墙高度未超过规范要求的 2 倍 ④所采用的不符合当地气候条件、并非有利于节能的双层外墙(含幕墙)的面积小于外墙总建筑面积的 20%	提供: ①建筑工程、装修装饰工程预算书 ②装饰性构件造价占工程总造价比例计算书 ③双层外墙面积占外墙总面积比例的计算书		
		4.4.3		设计标识阶段不参评	(1)购买距离施工现场不超过 500km 的工厂生产的建筑材料 (2)收集、保留能充分证明材料生产地的纸质证据。本条中的"工厂"必须证照齐全,有固定的生产厂房和必要的生产设备等。本条要求"工厂生产",不包括总、分包商在施工现场进行的加工制作。从当地建材商处采购的建筑材料不一定属当地生产的建筑材料,必须以生产地为准。注意:①当地原料或半成品运到 500km 以外	①收集、保留能充分证明材料生产地的纸质证据 ②提供工程决算材料清单,工程决算材料清单中要标明材料的所有生产厂家的名称、地址、供货量 ③提交施工现场不超过 500km 的工厂生产的建筑材料的质量占建筑材料总质量比例的计算书	

指标名称	类别	标准条文	对相关方要求				
			咨询单位	设计单位	业主	施工单位	物业公司
节材与材料资源利用	一般项				的生产工厂，加工后运回本项目工地的建筑材料，不能算作"不超过500km的工厂生产的建筑材料"。②反之，500km以外的原料或半成品运到距离施工现场不超过500km的生产工厂，加工或组装后运到本项目工地的建筑材料，可以算作"不超过500km的工厂生产的建筑材料"。③回填土不能算作"不超过500km的工厂生产的建筑材料"		
		4.4.4		设计说明和图纸中注明采用预拌混凝土	材料由甲方提供时，由业主提供预拌混凝土供应量证明书、购销合同、供货单、混凝土工程总用量清单	施工方购买与拌混凝土时，由施工方提供预拌混凝土供应量证明书、购销合同、供货单、混凝土工程总用量清单	
		4.4.5	协助业主提供高性能混凝土及高强度钢的比例计算书。该计算书与工程材料概算必须相吻合。具体计算方法为：①本条的"受力钢筋"，可包括各结构设计规范要求的受拉纵筋、受压纵	①对于6层以上的钢筋混凝土建筑，合理使用高强度钢筋、高强混凝土和高耐久性的高性能混凝土，并统计其使用数量②在高层、超高层钢结构建筑中采用高强度的高性能钢材，并统计其使用数量③只有少量部位采用高性能混凝土或高性能钢时，可提交论证报告，重点论证该项目在钢、混凝土的性能方面的合理性，从而达到节材的目的	提供高强度钢或高性能混凝土的使用率计算书材料由甲方提供时，业主需提供工程决算材料清单、高强度钢出厂质量证明和进场复验报告、混凝土检验报告单、提供具有资质的第三方检验机构出具的混凝土检验报告（必须有耐久性指标）	不得随意进行材料代换。不得已进行材料代换时，必须经设计单位书面同意。应按"等强"的原则进行材料代换。并注意满足《GB 50011—2010建筑抗震设计规范》等结构	

指标名称	类别	标准条文	对相关方要求				
			咨询单位	设计单位	业主	施工单位	物业公司
节材与材料资源利用	一般项		筋、架立筋、分布筋等 ②符合规范的抗拉强度设计值不低于 360MPa 的钢筋，如 RRB400 级钢筋、冷拉钢筋、冷轧扭钢筋及高强预应力钢丝（索）等均可视作满足本项的高强度钢筋。当采用抗拉强度设计值高于 360MPa 的钢筋（丝、索）时，可按等强（抗拉能力设计值相等）的原则，可将这些更高强度的钢筋（丝、索）折算成 HRB400 级钢筋 ③符合规范的抗拉强度设计值不低于 295MPa 的钢材，如厚度不大于 35mm 的 Q345 级钢，可视作满足本条要求的高强度钢			规范的要求。 　材料由施工单位购买时，提供工程决算材料清单、高强度钢出厂质量证明和进场复验报告、混凝土检验报告单、提供具有资质的第三方检验机构出具的混凝土检验报告（必须有耐久性指标），运行阶段评价时，提供高强度钢或高性能混凝土的使用率计算书	

指标名称	类别	标准条文	对相关方要求				
			咨询单位	设计单位	业主	施工单位	物业公司
节材与材料资源利用	一般项	4.4.6		设计阶段不参评		提供建筑施工废物管理规划和施工现场废弃物回收利用记录、回收利用计算书。具体做法：①建筑施工、旧建筑拆除和场地清理前，应编制施工（拆除）方案。方案中应明确回收物品的种类、分类处理方案、再利用方案、再循环的销路、售价以及统计销售人员等，应包括实施上述方案所需费用的估算，并预留必要的费用 ②对建筑施工、旧建筑拆除和场地清理产生的固体废弃物分类处理 ③废弃物中的可再利用材料尽量重新利用 ④废弃物中的可再循	

指标名称	类别	标准条文	对相关方要求				
			咨询单位	设计单位	业主	施工单位	物业公司
节材与材料资源利用	一般项					环材料可通过再生利用企业进行回收、加工 ⑤对废弃物的回收利用进行记录和核算 ⑥建筑施工、旧建筑拆除和场地清理时产生的固体废弃物总量统计表及回收利用率计算书（利用率需不小于20%） ⑦固体废弃物包括：纸板、金属、混凝土砌块、沥青、现场固体垃圾、饮料罐、塑料、玻璃、石膏板、木制品等	
		4.4.7	协助业主提供可再循环材料使用比例计算书	尽量选用可再循环材料和含有可再循环材料的建材制品。可再循环材料主要包括：金属材料（钢材、铜、铸铁、铝）、铝合金、不锈钢、玻璃、塑料、石膏制品、木材、橡胶等	提供可再循环材料使用比例计算书，工程材料概算清单	提供工程决算材料清单、可再循环材料的使用率计算书	
		4.4.8		具体做法： ①土建开工前，土建、装修各专业施工图纸齐全，且达到施工图的深度。建筑、结构施工图纸中，可注明预留孔洞的位置、大小，给出了土建和装修阶段各自所需主要固定件的位置、编号和详图。建筑、结构施工图纸与设备、电气、装修施工图纸之间基本无矛盾。土建、装修各专业施工图纸	施工过程中，若进行过较大的修改，则判定本条不达标 土建开工前，施工方案必须通过监理单位（建设单位）的审查。施工方案中应包含土建和装修两个施工阶段的内容	①土建开工前，施工方案必须通过监理单位（建设单位）的审查；提供土建与装修一体化施工方案，施工方案中应	

指标名称	类别	标准条文	对相关方要求				
			咨询单位	设计单位	业主	施工单位	物业公司
节材与材料资源利用	一般项			通过了政府主管部门的审查。重要部位均需制作彩色效果图或模型 ②对于粗装修销售的项目,土建开工前,应对销售对象进行认真的分析,并提供多套装修设计方案。参考这些方案,在建筑、结构施工图纸中,可注明预留孔洞的位置、大小,给出土建和装修阶段各自所需主要固定件的位置编号和详图 ③高质量完成土建、装修各专业施工图纸的设计、校对、审核、审定以及专业之间的对图,并签字 ④各专业设计师向施工单位、监理单位(建设单位)认真交底,并及时作好交底记录,减少返工		包含土建和装修两个施工阶段的内容 ②有条件时,先在现场进行小面积的样板施工,以检验和确认装修设计效果、施工工艺、施工质量等。样板应具有足够的代表性。需要局部修改设计时,各专业应同时完成图纸的修改 ③提供土建与装修一体化证明材料(必要时提供施工的实际工作量清单) ④施工交底记录 ⑤施工日志 ⑥预、决算工程量清单	
		4.4.9		设计阶段不参评,但竣工图纸应包含有关材料的使用情况,在建筑设计选材时考虑使用以建筑废弃物再生骨料制作的混凝土砌块、水泥制品和配制再生混凝土等,并统计其使用数量	业主采购建筑材料时,使用以废弃物为原料生产的建筑材料,如以工业废弃物、农作物秸秆、建筑垃圾、淤泥为原料生产的水泥、混凝土、墙体材料、保温材料以及生活废弃物经处理后	提供: ①施工记录 ②材料决算清单 ③混凝土配合比报告单等技术资料	

指标名称	类别	标准条文	对相关方要求				
			咨询单位	设计单位	业主	施工单位	物业公司
节材与材料资源利用	一般项				制成的建筑材料等。使用一种以废弃物为原料生产的建筑材料,其用量占同类建筑材料的比例不低于30%,且这些废弃物的总质量不少于全部原料质量的20%	④以废弃物为原料生产的建筑材料的使用率计算书　⑤以废弃物为原料生产的建筑材料中,废弃物的总质量占全部原料质量的比例计算书及其证明材料	
	优选项	4.4.10		设计文件中说明结构体系类型,如果属于钢结构、非黏土砖砌体结构、木结构和预制混凝土结构体系,则可判定达标。若属于这四种之外的结构体系,则另外提交一份报告,重点论证所采用的建筑结构体系(包括各水平、竖向分体系、基坑支护体系)的资源消耗水平以及对环境影响的大小,专家们综合考虑水平承重结构体系等各方面因素后,也可判定本条达标			
		4.4.11		设计阶段不参评,但竣工图纸或说明中要注明使用的相关材料		做法:可再利用材料包括从旧建筑拆出的材料以及从其他场所回收的旧建筑材料,如砌块、砖、瓦、料石、管道、预制混凝土板、木材、钢材、部分装饰材料等。　提供工程决算材料清单,可再利用建筑材料使用率计算书	

2.1.5 室内环境质量

表2-5 室内环境质量绿色技术和措施表

指标名称	类别	标准条文	对相关方要求				
			咨询单位	设计单位	业主	施工单位	物业公司
室内环境质量	控制项	4.5.1	日照模拟报告,日照不满足标准要求时,提供修改意见	提供户型图、规划图纸(均需盖章)。做法:设计中注意朝向、间距、相对位置、室内平面布置,根据计算调整设计,使居住空间获得充足的日照。评价时: ①简单排列式住宅无明显遮挡:根据日照间距系数直接判断 ②复杂情况:日照软件模拟结果,关键看模拟模型和软件的使用正确性(由专家判断)			
		4.5.2	室内采光模拟报告,优化采光效果	①提供窗地比计算说明书、并涵盖所有的户型以及所有朝向 ②设计采光性能最佳的建筑朝向,并充分发挥天井、庭院、中庭的采光作用。有条件时可采用顶部采光窗采光,并避免眩光。卧室、起居室(厅)、书房、厨房设置外窗,并宜采用先进的主动型自然光调控和采集措施改善室内照明质量和自然光利用效果。同时提倡地下空间自然采光 ③选用有适宜反射比的建筑室内装修材料			
		4.5.3	提供建筑构件隔声性能分析报告、噪声模拟分析报告	①根据环境评估报告,判断周边的噪声水平,对围护构造采取有效的隔声、减噪措施;并提供建筑施工设计说明、围护结构做法详图,对围护结构隔声措施、隔声效果进行说明 ②避免问题点面向强声源辐射方向,如将住宅的主要空间(客厅、卧室)布置在背声面,辅助空间(厨房、卫生间等)布置在迎声面。问题点与声源应保持足够的距离,在声音能够到达的地方贴一定吸声率的材料,或利用绿化措施进行隔声 ③将建筑造型与隔声降噪有机结合,如建筑布局构件设计应尽量防止流体扰动、涡流等现象发			

续表 2 - 5

指标名称	类别	标准条文	对相关方要求				
			咨询单位	设计单位	业主	施工单位	物业公司
室内环境质量	控制项			生。空调机、变压器、发电机、电梯、水泵等设备的噪音指标,应符合相关国家标准、产品规范的要求,其设置位置应避免对建筑物产生噪声干扰,必要时应采取可靠的隔振、隔声措施,如在物体与振动体之间设置防振装置,喷涂或粘贴减振材料等 ④主要空间宜采用自然通风降噪窗、隔声门、隔声墙及浮筑楼板等隔声、减噪措施			
		4.5.4	提供通风模拟计算报告,分析通风效果	合理设计围护结构窗墙面积比和外窗开启方式,保证通风开口面积比例达到标准要求;提供窗地面积比计算说明书,门窗表中明确可开启外窗的数量、位置及有效的通风面积			
		4.5.5		设计阶段不参评,但要注意: ①将新风进口安装在远离可能是污染源的地方(装卸场地、建筑排气扇、冷却塔、交通干道、停车库、卫生设备排放口、垃圾倾倒车,以及室外吸烟场所等可能污染源) ②为有污染物的房间设计独立的排风和排水系统,使污染物与建筑的其余部分隔离 ③结合建筑特征和室内需求,规划设计高效通风换气装置和新风系统,在排出室内污浊空气的同时,引入室外新鲜空气并进行净化过滤,完成室内外空气的置换	运营阶段评价时,提供第三方检测机构出具的室内污染物浓度检测报告		
	一般项	4.5.6		设计图纸中要满足: ①建筑间距:不低于 18m ②卫生间外窗:设有 2 个或 2 个以上卫生间时,至少一个卫生间有外窗			
		4.5.7		华南地区无采暖时,本条不参评			

指标名称	类别	标准条文	对相关方要求				
			咨询单位	设计单位	业主	施工单位	物业公司
室内环境质量	一般项	4.5.8		①合理采用建筑平面布局、绿化遮阳、浅色饰面、使用由高效保温材料制成的复合墙体等措施提高东、西外墙的隔热性能。可采用顶层通风隔热、屋顶蓄水隔热、屋顶植被隔热、屋顶反射阳光隔热等措施提高屋顶隔热性能 ②根据《GB 50176—1993 民用建筑热工设计规范》,对屋顶,东、西外墙内表面温度进行计算,提供节能计算书			
		4.5.9		采暖和空调室内末端设计图纸中要有用户能自主调节室温和室内热舒适的相关设计,且设计说明和末端图纸中明确调温装置的型号、参数、位置以及控制使用方式	设备招投标采购清单,需要满足设计要求	施工单位购买时,由施工单位提供设备招投标采购清单	
		4.5.10		①遮阳设计应结合地区气候特点、建筑群布置和房间的使用要求。另外,要合理选择建筑的朝向,处理好建筑的立面,尽量避免夏季太阳光直射室内 ②在总平面布置中,利用建筑互相造影以形成遮挡方法,形成建筑互遮阳。通过建筑构件本身,特别是窗户部分的缩紧形成阴影区,形成自遮阳 ③结合建筑造型设计固定外遮阳。有条件时,采用活动外遮阳,甚至建筑遮阳的智能化 ④设计图纸中要包含:主要户型外立面效果图,构造图,可调外遮阳节点大样;提供遮阳系统设计说明、遮阳装置设计图纸、建筑施工图。遮阳系统设计中应有对遮阳形式、遮阳效果的详细说明并与图纸吻合	材料招投标文件或相关的采购合同	施工单位购买时,由施工单位提供材料招投标文件或相关的采购合同	
		4.5.11		建筑智能化施工图设计说明应有对该系统的全面介绍,可采用窗式通风器、新风换气机等设备。通风或空调施工图,必须明确通风换气装置的位置和数量以及设计说明等相关内容,要求风量达	设备招投标文件和相关的采购合同	施工单位购买时,由施工单位提供材料招投标文件或相关的采购合同	

指标名称	类别	标准条文	对相关方要求				
			咨询单位	设计单位	业主	施工单位	物业公司
室内环境质量	一般项			到 30m³/(h·人),并安装室内空气质量监测装置,如采用二氧化碳监测传感器,其控制及联动方式需合理,且标明数量和位置			
	优选项	4.5.12		设计阶段不参评;但建筑和暖通竣工图纸及设计说明、相关技术说明或产品检测报告要对使用蓄能、调湿或改善室内环境质量的功能材料进行说明和标识	提供材料采购合同及招投标文件;提供已经基本落实的几家供应商(其材料性能必须提供相关资质部门的检测报告)	施工单位购买时,由施工单位提供相关材料的采购合同	

2.1.6　运营管理

表 2－6　运营管理绿色技术和措施

指标名称	类别	标准条文	对相关方要求			
			设计单位	业主	施工单位	物业公司
运营管理	控制项	4.6.1	设计标识阶段不参评			提供: ①资源能源管理制度(节能、节水、节材、绿化等)包括:节能管理模式、收费模式等节能管理制度;梯级用水原则和节水方案等节水管理制度;建筑、设备、系统的维护制度和耗材管理制度;绿化用水的使用及计量、各种杀虫剂、除草剂、化肥、农药等化学药品的规范使用等绿化管理制度 ②日常管理记录 ③具有资质的第三方检验机构出具的化学药品检验报告(采购时让厂家提供)和物业使用记录
		4.6.2	提供水、电、燃气各专业分户、分类计量设计图纸和设计说明	采购表具时:需让厂家提供计量表具的计量认证证书,并提交 1 份给物业公司	施工记录应包含:分户、分类计量设备设置情况的详细说明	提供水、电、燃气实际全年计量与收费记录

指标名称	类别	标准条文	对相关方要求			
			设计单位	业主	施工单位	物业公司
运营管理	控制项	4.6.3	设计标识阶段不参评	在运行阶段评价时让专业公司提供垃圾处理系统设计和竣工图纸及详细说明	提供垃圾处理系统竣工图纸及详细说明	①建立完善的垃圾分类、收集、运输等系统的整体体系,做到对垃圾流进行有效控制②垃圾管理制度应包括垃圾管理运行操作手册、管理设施、管理经费、人员配备及机构分工、监督机制、定期的岗位业务培训③实行"污染者付费"、"超量加价,减量减费"原则④如有专门垃圾处理设施,则提交相应图纸及说明、设备样本、设备实际运营记录
		4.6.4	设计标识阶段不参评			①由物业公司制定垃圾管理制度,包括垃圾管理运行操作手册、管理设施、管理经费、人员配备及机构分工、监督机制、定期的岗位业务培训和突发事件的应急反应处理系统等②在居住单元出入口附近隐蔽的位置设垃圾容器,其数量、外观色彩及标志应符合垃圾分类收集的要求。居民的生活垃圾应采用袋装化存放
	一般项	4.6.5	设计标识阶段不参评,前期规划时,垃圾站(间)的位置设计要合理,宜设置在下风向,避免污染住区的环境。垃圾站(间)设置冲洗和排水设施	①保证垃圾站(间)的建设要和住区同时规划、同时设计、同时施工、同时交用②让专业公司提供垃圾处理系统设计图纸及详细说明,且设置位置要合理	提供垃圾站(间)竣工图纸及详细说明	提供:垃圾管理制度
		4.6.6	在设计图纸中应有智能化系统方案及详细说明,系统包括:安全防范子系统、管理与设备监控子系统、通讯网络子系统。注意:智能化系统的设置应高效、安全、合理	运行阶段评价还需提供:相关管理部门评价报告、第三方检测机构出具的检测报告	提供竣工图、施工过程控制文件、智能化系统验收报告	提供建筑智能化系统运行记录及分析报告

指标名称	类别	标准条文	对相关方要求			
			设计单位	业主	施工单位	物业公司
运营管理	一般项	4.6.7	设计标识阶段不参评		在适宜季节植树,选择耐候性强的乡土植物,可采取树木生长期移植技术	提供: ①化学药品的进货清单与使用记录 ②化学药品管理制度 ③化学药品实际使用效果。坚持生物防治和化学防治相结合的方法,采用生物制剂、仿生制剂等无公害病虫害防治技术,科学使用化学农药,规范杀虫剂、除草剂、化肥、农药等化学药品的使用 ④在适宜季节植树,选择耐候性强的乡土植物,可采取树木生长期移植技术,建立并完善栽植树木后期管护工作;对行道树、花灌木、绿篱定期修剪,草坪及时修剪,发现危树、枯死树木及时处理;及时做好树木病虫害预测、防治工作,做到树木无暴发性病虫害,保持草坪、地被的完整
		4.6.8	设计标识阶段不参评	让园林公司做到老树成活率达98%,新栽树木成活率达85%以上		提供:绿化管理制度和绿化养护记录
		4.6.9	设计标识阶段不参评			提供 ISO14001 环境管理体系认证证书
		4.6.10	设计标识阶段不参评			提供:垃圾处理记录、管理制度、相关宣传文档,满足垃圾分类收集;住区垃圾分类收集设施分布图表
		4.6.11	电气、暖通、给排水等相关图纸及说明应详细体现:设备、管道的布置,检修空间,维护通道位置及做法,并满足以下要求: ①将管井设置在公共部位 ②公用设备、管道设置在公共部位,并留有合理的检修空		在施工图上注明设备和管道的安装位置,以便后期检修和更新改造,提供管道设置的详细说明	设备、管道等出现问题时,要及时维修、改造和更换

指标名称	类别	标准条文	对相关方要求			
			设计单位	业主	施工单位	物业公司
运营管理	一般项		间 ③管道、桥架布置合理方便 ④避免公共设备管道设在住户室内			
	优选项	4.6.12	设计标识阶段不参评,电气、暖通、给排水等相关竣工图纸及说明应详细体现:垃圾收集或垃圾处理房设有风道或排风、冲洗和排水设施	让专业公司提供垃圾处理房的设计说明、竣工图纸和详细说明	提供施工文件、竣工图	提供: ①垃圾管理制度 ②垃圾处理设备的样本和使用记录,使考察人员能够了解垃圾是否分类收集、如何处理、处理设施设置情况

2.2 国家绿色建筑评价标准达标难度和成本

为了增强设计人员及相关人员对绿色建筑技术条文的应用和对建筑技术成本的控制,项目组通过分析国家绿色建筑评价标准中控制项、一般项以及优选项的相关要求和所需要提交的材料,分析绿色建筑需要采取相应的措施、技术的难度及成本,把各项要求的实施难度和实施成本进行总结,以方便设计人员及相关人员在进行绿色建筑设计时参考。

根据国家绿色建筑评价标准(以下称评价标准),条文分为控制项、一般项和优选项。控制项为必做条文,一般项和优选项条文涉及的绿色技术的难易程度各不同,其增量成本也随之不同,有些需要增加成本,有些则只需要在设计时注意就可以满足条文技术。建成后绿色技术运营成本也不同,有些技术是增加运营成本,有些则可以减少运营成本。根据评价标准,绿色建筑的评价阶段又分为设计阶段和运营阶段。

详细条文技术的达标难度及成本分析见表 2 - 7。

表 2 - 7 达标难度及成本分析表

指标名称	类别	标准条文	难度				成本初步分析				评价阶段	
							建安成本			运营成本		
			必做项	容易	较难	其他原因	减少	不需增加	较少	高	设计	运营
节地与室外环境	控制项	4.1.1	○					○		不增加	○	○
		4.1.2	○					○	○	不增加	○	○
		4.1.3	○					○		不增加	○	○
		4.1.4	○					○		不增加	○	○
		4.1.5	○					○		不增加	○	○
		4.1.6	○					○		不增加	○	○
		4.1.7	○					○	○	不增加	○	○
		4.1.8	○				○			不增加	×	○

指标名称	类别	标准条文	难度				成本初步分析					评价阶段	
			必做项	容易	较难	其他原因	建安成本				运营成本	设计	运营
							减少	不需增加	较少	高			
节地与室外环境	一般项	4.1.9		○				○			不增加	○	○
		4.1.10		○			○	○			不增加	○	○
		4.1.11		○		跟具体项目情况有关		○	○		不增加	○	○
		4.1.12		○				○			不增加	○	○
		4.1.13		○				○			不增加	○	○
		4.1.14		○				○			减少	○	○
		4.1.15		○				○			不增加	○	○
		4.1.16		○					○		不增加	○	○
	优选项	4.1.17		○				○		○	不增加	○	○
		4.1.18			○	和地块自身条件有关					不增加	○	○
节能与能源利用	控制项	4.2.1	○					○			减少	○	○
		4.2.2	○					○			减少	○	○
		4.2.3	○					○	○		减少	○	○
	一般项	4.2.4		○				○			减少	○	○
		4.2.5		○				○			减少	○	○
		4.2.6		○					○		减少	○	○
		4.2.7		○				○			减少	○	○
		4.2.8				跟具体项目情况有关				○	减少	○	○
		4.2.9			○				○		减少	○	○
	优选项	4.2.10		○					○		减少	○	○
		4.2.11			○					○	减少	○	○
节水与水资源利用	控制项	4.3.1	○					○			减少	○	○
		4.3.2	○						○		减少	○	○
		4.3.3	○						○		减少	○	○
		4.3.4	○					○			减少	○	○
		4.3.5	○					○			减少	○	○
	一般项	4.3.6		○				○			减少	○	○
		4.3.7		○					○		减少	○	○
		4.3.8		○					○		减少	○	○
		4.3.9			○				○		减少	○	○
		4.3.10		○					○		减少	○	○
		4.3.11		○					○		减少	○	○
	优选项	4.3.12			○					○	减少	○	○
节材与材料资源利用	控制项	4.4.1	○					○			不增加	×	○
		4.4.2	○				○				不增加	○	○

续表 2 - 7

指标名称	类别	标准条文	难度				成本初步分析					评价阶段	
							建安成本				运营成本		
			必做项	容易	较难	其他原因	减少	不需增加	较少	高		设计	运营
节材与材料资源利用	一般项	4.4.3		○			○				不增加	×	○
		4.4.4		○				○（大城市）	○（小城市）		不增加	○	○
		4.4.5		○						○	不增加	○	○
		4.4.6		○					○		不增加	×	○
		4.4.7			○				○		不增加	○	○
		4.4.8		○			○	○			不增加	○	○
		4.4.9		○					○		不增加	×	○
	优选项	4.4.10			○			○			不增加	○	×
		4.4.11			○				○		不增加	×	○
室内环境质量	控制项	4.5.1	○					○			不增加	○	○
		4.5.2	○					○			不增加	○	○
		4.5.3	○						○		不增加	○	○
		4.5.4	○					○			减少	○	○
		4.5.5	○						○		减少	×	○
	一般项	4.5.6		○				○			不增加	○	○
		4.5.7		○					○		减少	○	○
		4.5.8		○				○			减少	○	○
		4.5.9		○					○		减少	○	○
		4.5.10		○					○		减少	○	○
		4.5.11		○						○	减少	○	○
	优选项	4.5.12			○						减少	×	○
运营管理	控制项	4.6.1	○					○			不增加	×	○
		4.6.2	○						○		减少	○	○
		4.6.3	○					○			增加	×	○
		4.6.4	○					○			不增加	×	○
	一般项	4.6.5		○				○			不增加	×	○
		4.6.6		○					○		减少	○	○
		4.6.7		○				○			增加	×	○
		4.6.8		○				○			不增加	×	○
		4.6.9		○				○			不增加	×	○
		4.6.10		○					○		不增加	×	○
		4.6.11		○				○			减少	○	○
	优选项	4.6.12		○					○		不增加	×	○

注:○代表"是",×代表"否"。

2.3　华南地区绿色建筑评价标准与国家标准条文对比分析

　　由于国家标准条文(以下称国标)的相关要求比较宏观,无法考虑各地区的具体气候条件及其他情况。因此广东、福建、广西、深圳、香港等地方制定相应的地方标准,对国标进行了不同程度的调整、细分和量化。下面将华南地区其他地方省市的地方标准与国标进行对比分析,将各标准中与国标不同的地方进行标识并说明。

　　国标的绿色建筑体系分为 6 类指标,以项的达标数量分为一、二、三星 3 个级别,广东省版分为6 类指标,以项的达标数量分为一星 B、一星 A、二星 B、二星 A、三星 5 个级别;深圳版除了国标的 6 类指标外,增加创新项,共 7 类指标,以得分的高低划分为铂金、金、银、铜 4 个等级,并进行区分了设计与运行阶段的标识;香港版分为 6 类指标,以项的达标数量分为一、二、三星 3 个级别;福建版在增加了绿色施工这一专项指标(见表 2 - 9),共 7 类指标,分为一、二星 2 个级别;广西版划分了 6类指标,以项的达标数量分为一、二、三星 3 个级别。

2.3.1　对比分析

　　国标与地方标准的主要对比分析见表 2 - 8。

表 2 - 8　国标与不同标准对比分析表

指标名称	项别	国标	广东版	深圳版	香港版	福建版	广西版
节地与室外环境	指标体系	6 类指标,以项的达标数量分为一、二、三星 3 个级别	6 类指标,以项的达标数量分为一星 B、一星 A、二星 B、二星 A、三星 5 个级别	除了国标的 6 类指标外,增加创新项,共 7 类指标,以得分的高低划分为铂金、金、银、铜 4 个等级,并进行区分了设计与运行阶段的标识	6 类指标,以项的达标数量分为一、二、三星 3 个级别	在增加了绿色施工这一专项指标,共 7 类指标,分为一、二星 2 个级别	6 类指标,以项的达标数量分为一、二、三星 3 个级别
	数量	共 18 项,其中控制项 8 项;一般项 8 项;优选项 2 项	共 20 项,其中控制项 9 项;一般项 9 项;优选项 2 项	共 22 项,其中控制项 8 项;得分项 14 项	共 18 项,其中控制项 7 项;一般项 8 项;优选项 3 项	共 20 项,其中控制项 7 项;一般项 9 项;优选项 4 项	共 22 项,其中控制项 9 项;一般项 10 项;优选项 3 项
	控制项 4.1.2		增加了要求:建筑电力、控制等重要设备如建于地下,应采取措施,确保不被雨洪淹没		允许采取有效措施避免电磁辐射和火、爆、有毒物质等危险源		
	4.1.4		满足所在城市现行控制性详细规划要求		将控制项改为一般项		
	4.1.5		增加了要求:不得移植野生植物和树龄超过 30 年的树木	增加了要求:场地内不少于 70% 树种和植物数量的产地距场地的运输距离在 500km 以内			数量调整:新市镇建设的住区的绿地率不低于30%,都会区不低于 20%。人均邻舍休憩用地面积不低于 1m²

续表 2-8

指标名称	项别	国标	广东版	深圳版	香港版	福建版	广西版
	控制项	4.1.6		将指标改为符合《深圳市城市规划标准与准则》			
		4.1.8				将本条改为绿色施工的内容	
	增加项		增加了无障碍设施的要求				将4.1.13条由一般项改为控制项
节地与室外环境	一般项	4.1.11		改为符合地方标准:住区环境噪声符合《深圳市环境噪声标准适用区划分》的规定	增加地方标准:住区环境噪声符合现行国家标准《GB3096—1993城市区域环境噪声标准》或《香港规划标准与准则》中有关噪音的规定		
	增加项			增加了5.1.12条噪声要求:合理规划布局,位于《深圳市环境噪声标准适用区划分》3类、4类标准适用区域的住区,不少于70%住户的卧室、起居室可开启外窗处室外的等效声级白天不大于60dB(A),夜间不大于50dB(A);位于2类标准适用区域的住区,不少于70%住户的卧室、起居室可开启外窗处室外的等效声级白天不大于55dB(A),夜间不大于45dB(A)			

指标名称	项别	国标	广东版	深圳版	香港版	福建版	广西版
节地与室外环境	一般项	4.1.12		增加了具体量化评价参考:除了模拟报告,还有另外标准可判定合格:实测或模拟计算证明住区室外日平均热岛强度不大于 1.5 ℃,或满足以下任意三项即为满足要求: ① 住区绿地率不小于 35% ② 住区中不少于 50% 的硬质地面有遮阴或铺设太阳辐射吸收率为 0.3 ～ 0.7 的浅色材料 ③ 无遮阴的地面停车位占地面总停车位的比率不超过 10% ④ 不少于 30% 的可绿化屋面实施绿化或不少于 75% 的非绿化屋面为浅色饰面,坡屋顶太阳辐射吸收率小于 0.7,平屋顶太阳辐射吸收率小于 0.5 ⑤ 建筑外墙浅色饰面,墙面太阳辐射吸收率小于 0.6	将此条文由一般项改为优选项		
		4.1.13	提出更具体要求	本条对风速放大系数最小值也有考虑			改为控制项
		增加项		增加 5.1.14 条对屋面绿化的要求:屋面绿化面积不少于可绿化屋面面积的 50%		增加:合理的采用屋顶绿化、垂直绿化等方式,绿化覆盖率不低于 40%	增加:住区内建筑合理采用屋顶绿化、垂直绿化等方式

指标名称	项别	国标	广东版	深圳版	香港版	福建版	广西版
节地与室外环境	一般项	4.1.14	增加选择:每100m² 绿地上也可以是1株榕树类树木	按照本土特点细化,并提出更严格的要求		要求更严格:每100m² 绿地上不少于乔木5株	要求更严格:每100m² 绿地上不少于3.5株乔木
		4.1.15		公共交通增加地铁站规定,增加清洁能源交通、机动车及自行车停车车位要求			
		4.1.16					要求更严格:室外透水地面面积比不小于50%
		增加项	增加 4.1.18条:充分利用园林绿化提供夏季遮阳,充分设置遮阳、避雨的走廊、雨棚等	增加5.1.18条步行连廊设置要求:住区内设置可遮阴避雨的步行连廊,其总长度不少于住区人行道总长度的10%			增加:住区利用底层架空和骑楼等形式改善通风环境和增加室外活动场地,底层架空面积不小于建筑标准层面积的50%
		增加项		增加5.1.20条控制光污染要求和增加(第5.1.22条)设架空层要求			增加:建筑场地结合原有地形地貌设计
	优选项	增加项				增加:住区内新建的绿化、水系与周边的绿化带、水系形成绿化系统	增加:底层架空面积不小于建筑标准层面积的70%
		增加项				增加:保留原有的树木、水系,有效地保存表土,利用废弃土,减少土方外运	

续表 2－8

指标名称	项别	国标	广东版	深圳版	香港版	福建版	广西版
节能与能源利用		数量	共 11 项,其中控制项 3 项;一般项 6 项;优选项 2 项	共 13 项,其中控制项 3 项;一般项 8 项;优选项 2 项	共 15 项,其中控制项 3 项;得分项 12 项	共 11 项,其中控制项 2 项;一般项 7 项;优选项 2 项	共 17 项,控制项 5 项;一般项 9 项;优选项 3 项	共 14 项,控制项 3 项;一般项 9 项;优选项 2 项
	控制项	4.2.1	改为符合广东省地方标准	改为符合地方标准:《深圳市公共建筑节能设计标准》、《深圳市居住建筑节能设计标准实施细则》;增加设置太阳能热水要求	将 4.2.1 条控制项改为一般项		
		4.2.2	改为符合广东省地方标准	改为符合地方标准:《深圳市公共建筑节能设计标准实施细则》、《深圳市居住建筑节能设计标准实施细则》	增加符合地方标准:香港《空调装置能源效益守则》也可判断合格		
		4.2.3	增加:采用区域供冷的应设置冷量计量装置	删除设置室温调节要求			
		增加项				增加:合理设计,减少生活给水系统能耗,充分利用市政水压	
		增加项				将国标 4.2.7 条由一般项改为控制项	
	一般项	4.2.4		有具体要求:朝向在南偏东 45°至南偏西 30° 范围内的卧室、起居室、书房等主要房间数量不少于住区内主要房间总数的 75%,并且对遮阳有具体量化的要求			

指标名称	项别	国标	广东版	深圳版	香港版	福建版	广西版
节能与能源利用	一般项	增加项		增加:5.2.5条所有户型均设置阳台			
		4.2.5	改为符合广东省地方标准	改为符合地方标准:《深圳市公共建筑节能设计标准实施细则》,且增加 5.2.12条,住区内所有电梯均使用节能型电梯,并采用节能控制方式	增加符合地方标准:香港《空调装置能源效益守则》也可判断合格		
		4.2.6	改为符合广东省地方标准	改为符合地方标准:《深圳市公共建筑节能设计标准实施细则》			
		4.2.7		细化了国标,并有了量化指标		改为控制项	
		4.2.9			根据当地气候和自然资源条件,充分利用太阳能、地热能等可再生能源。可再生能源的使用量占建筑总能耗的比例大于 2.5%,比国家标准要求低	提高要求:可再生能源的使用占建筑总能耗的比例大于10%	
		增加项	住宅的屋顶采用绿化隔热措施的面积达到可采用面积的 40%以上,或者东、西外墙采用绿化隔热措施的面积达到可采用面积的 30%以上			增加:建筑东、西外窗(含幕墙)、天窗和透光屋顶采用固定或可调节的外遮阳设施,并方便操作和维修	增加:建筑布局接近南北向(南偏东 15°至南偏西 15° 范围内)

指标名称	项别	国标	广东版	深圳版	香港版	福建版	广西版
节能与能源利用	一般项						增加:广西大部分地区夏季湿热漫长、日照冬少夏多,广西建筑能耗以夏季空调能耗为主。要降低广西建筑夏季空调能耗除了要提高围护结构的热工性能之外,还需要采取有效的遮阳隔热措施
		增加项	住宅墙面采用浅色外饰面的面积达到墙面面积的 80% 以上,或者75% 以上的窗户进行有效的外遮阳			增加:建筑外窗选用通过"建筑门窗节能性能标识"认证的产品,且外窗使用的地区应与标识推荐使用的适宜地区相一致	
		增加项				增加:给水泵根据设计所需要的供水量和扬程选择高效节能水泵,并在高效段内运行。分水加压给水系统高区部位(城市市政管网直供以上部分)采用变频供水系统等节能设备,市政管网条件许可采用叠压供水系统	增加:地下空间直接或间接利用出入口、天井、侧窗、天窗等部位进行自然采光通风
		增加项				增加:采用的配电变压器,起空载损耗符合《GB 20052—2006 三相配电变压器能效限值及节能评价值》中节能评价值。变电所位置接近负荷中心,线路路径合理。功率因数数值符合供电部门现行要求	

指标名称	项别	国标	广东版	深圳版	香港版	福建版	广西版
节能与能源利用	优选项	4.2.10			增加符合地方标准也可判断合格		
		4.2.11	增加选择:80%以上的生活热水由可再生能源提供		可再生能源的使用量占建筑总能耗的比例大于5%,比国家标准的要求低	提高要求:可再生能源的使用占建筑总能耗的比例大于15%	
	增加项					电线电缆截面面积不小于按经济电流选择的截面	
节水与水资源利用	数量	共12项,其中控制项5项;一般项6项;优选项1项	共14项,其中控制项7项;一般项6项;优选项1项	共12项,其中控制项5项;得分项7项	共12项,其中控制项5项;一般项6项;优选项1项	共13项,控制项5项;一般项7项;优选项1项	共13项,控制项5项;一般项7项;优选项1项
	控制项	4.3.3	删去节水率要求	要求更严格,节水率不低于10%	要求更严格,节水率不低于10%		
		增加项	采取有效措施,使得污水、不污染雨水等可再利用的水资源,尽量减少雨水流入污水管网				
		增加项	有污染的自来水出水口应采取有效隔离措施				
	一般项	4.3.6	增加要求:减少雨水受污染的几率,削减雨洪峰流量	细化要求,并有量化指标			
		4.3.11	增加选择:30%的杂用水采用非传统水源		根据香港实际情况降低了要求:非传统水源利用率中低层建筑不低于10%,高层建筑不低于5%,超高层建筑不低于2.5%		

指标名称	项别	国标	广东版	深圳版	香港版	福建版	广西版
节水与水资源利用	一般项	增加项				增加:景观用水、游泳池、游乐池、水上乐园等除有充足自然水资源外均采用循环供水系统	增加:采用专用的管道收集优质杂排水
	优选项	4.3.12	增加选择:70%的杂用水采用非传统水源		根据香港实际情况降低了要求:非传统水源利用率中低层建筑不低于 20%,高层建筑不低于 10%,超高层建筑不低于5%		
节材与材料资源利用	数量	共 11 项,其中控制项 2 项;一般项 7 项;优选项 2 项	共 11 项,其中控制项 2 项;一般项 7 项;优选项 2 项	共 13 项,其中控制项 4 项;得分项 9 项	共 11 项,其中控制项 2 项;一般项 7 项;优选项 2 项	共 12 项,控制项 3 项;一般项 6 项;优选项 3 项	共 15 项,控制项 2 项;一般项 11 项;优选项 2 项
	控制项	4.4.2	增加要求:女儿墙高度未超过规范要求的 2 倍				
		增加项		增加5.4.3条:将建筑施工过程产生的固体废弃物分类处理和回收利用,回收利用率不低于 20%,新建工程的建筑垃圾控制在每万平方米建筑面积450 吨以下			
		增加项		将国标 4.4.4条一般项改为控制项		增加:禁止使用国家和福建省淘汰或限制的材料和产品	
	一般项	4.4.3		比例大于80%,高于国标要求			比例大于75%,高于国标要求
		4.4.4		采用预拌砂浆,高于国标要求	增加采用预拌砂浆,高于国标要求		
		4.4.5	仅对 6 层以上的钢筋混凝土建筑要求				

指标名称	项别	国标	广东版	深圳版	香港版	福建版	广西版
节材与材料资源利用	一般项	4.4.6	提出具体回收利用率不低于20%	由一般项改为控制项,并量化指标,高于国标要求		改到"绿色施工"项	
		增加项					增加:采用预拌砂浆或干混砂浆
		增加项					增加:采用自保温外墙体系
		增加项					增加:采用工业化生产的通用和标准化的结构构件
		增加项					增加:采用新型建筑材料
	优选项	增加项					增加:商品砂浆的使用量占砂浆总用量的比例大于30%
室内环境质量	数量	共12项,其中控制项5项;一般项6项;优选项1项	共14项,其中控制项6项;一般项7项;优选项1项	共13项,其中控制项5项;得分项8项	共11项,其中控制项3项;一般项6项;优选项2项	共12项,其中控制项5项;一般项6项;优选项1项	共15项,其中控制项5项;一般项9项;优选项1项
	控制项	4.5.1			将本条控制项改为优选项		
		4.5.2		增加一般项4.5.6条中卫生间外窗的设置要求	将本条控制项改为一般项		
		4.5.3	卧室的允许噪声级在关窗状态下白天不大于45dB,夜间不大于37dB,起居室的允许噪声级在关窗状态下白天和夜间不大于45dB。楼板和分户墙的空气声计权隔声量＋粉红噪声频谱修正量不小于45dB,楼板的计权标准化撞击声声				

46

续表 2－8

指标名称	项别	国标	广东版	深圳版	香港版	福建版	广西版
室内环境质量	控制项	4.5.3	压级不大于75dB。户门的空气声计权隔声量＋粉红噪声频谱修正量不小于25dB,外窗的空气声计权隔声量＋交通噪声频谱修正量不小于25dB,沿交通干线时不小于30dB				
		4.5.4	增加难度,可开启面积改为不小于 10%,或者达到外门窗面积的45%以上	增加难度,可开启面积改为不小于10%			
		增加项	首层卧室、起居室、半地下、地下空间采取有效措施防止发霉				
	一般项	4.5.6		增加:居住空间开窗具有良好的视野,且避免户间居住空间的视线干扰。两栋住宅视觉卫生距离满足《深圳市城市规划标准与准则》的要求			
		增加项		增加:5.5.7条住区内不少于75%的住宅可形成穿堂风。若室外噪声超标,采用隔声通风窗等隔声措施			
		4.5.7	删除本条要求	删除本条要求	删除本条要求		
		4.5.10	只对卧室和起居室的外窗增加要求	将本条移到节能的要求			
		4.5.11		新风量提高到40m³/(h·人)			

指标名称	项别	国标	广东版	深圳版	香港版	福建版	广西版
室内环境质量	一般项		增加项 采取有效措施防止春季泛潮、发霉	增加：5.5.12条住区内不少于75%住户的厨房和卫生间设置于户型的北、西北或西侧，或设置于户型自然通风的负压侧			增加：利用场地自然条件，通过风环境模拟预测分析，合理设计建筑体形、楼距、窗墙面积比和开窗方式，使住宅主要功能空间在夏季获得良好的自然通风
			增加项 多层及高层建筑采取有效措施防止风啸声发生	增加：5.5.13条地下空间设置采光井等采光设施，不少于5%的地下一层空间采光系数不低于0.5%。居住建筑内不少于75%的公共空间（不含地下空间）采光系数不低于0.5%，且可实现自然通风			增加：居住建筑的设计，应适当考虑设置适合种植室内、半室内空间的植物，并将其作为居住品质的评价标准。如设计应利用一切可利用空间，通过阳台与自然环境过渡，设置适当的景观，以及设置"空中庭院"等设计手法，尽可能地营造沐浴阳光的理想场所
			增加项				增加：采用分体式空调时，合理设置和安装空调室内外机，其能效比应符合DB45/221的规定，并优先选用能效比高的节能型产品设备
	优选项	4.5.12		删除本条要求			

48

指标名称	项别	国标	广东版	深圳版	香港版	福建版	广西版
运营管理	数量	共 12 项,其中控制项 4 项;一般项 7 项;优选项 1 项	共 13 项,其中控制项 5 项;一般项 7 项;优选项 1 项	共 12 项,其中控制项 4 项;得分项 8 项	共 12 项,其中控制项 4 项;一般项 7 项;优选项 1 项	共 20 项,控制项 5 项;一般项 13 项;优选项 2 项	共 17 项,控制项 5 项;一般项 10 项;优选项 2 项
	控制项 增加项		住区设置应急广播系统			增加:运营管理部门具有处理突发事件的应急反应系统	增加:采用可再生能源集中供热水时,制定合理的计量和收费方案
	一般项 4.6.5		规定每天至少清运一次垃圾	量化为每天至少清运一次垃圾			
	4.6.8		对老树和新栽树木的成活率都有要求	要求变严格:栽种和移植的树木成活率大于95%,植物生长状态良好			
	4.6.10			细化了要求:设置专门的垃圾分类收集区域,单独设置废电池、纸张、玻璃、塑料和金属等回收设施,垃圾收集设施上明确标识分类说明。垃圾分类回收率达90%以上			
	增加项					增加:公共区域、大空间及多功能场所照明设置自动控制或功能分组控制方式。夜景照明采用单独分项计量、自动控制和高效照明光源、灯具	增加:智能化系统可对气象数据进行分析并发布有关绿色行为的提示信息
	增加项					增加:可再生能源系统的运行有运行管理制度和操作规程	增加:对住区室外人工水系水质进行定期监控,保持水系水质良好,并定期对水质状况进行公示

49

指标名称	项别	国标	广东版	深圳版	香港版	福建版	广西版
运营管理	一般项	增加项				增加:制定并实施上水、中水、下水梯级管理制度,确保雨水的收集利用和生活废水的循环使用	增加:建筑外遮阳构件(特别是活动外遮阳、电动外遮阳构件)与其他建筑构件相比,较容易受到自然界外力的损坏,要保持这些遮阳构件达到的遮阳效果,需对建筑外遮阳进行定期的检查和维护。空调室外机也存在类似问题
		增加项				增加:住区有绿色生活和节能减排的宣传标语	
		增加项				增加:运营管理部门定期进行建筑物外部、公共照明灯具清洗和悬挂物的安全检查	
		增加项				增加:公共场所的水电等公摊费用控制在本地区的平均水平以下(绿色成本的降低)	
	优选项	增加项				增加:设置专门的节能、节水、节材与绿化管理岗位,并设有专人管理	增加:利用再生水时,采用实时监控系统对再生水的水质进行监控,确保用水安全
创新项	5.7.1 条创新项包括但不限于以下内容	增加项		空调能耗不高于国标和深圳市建筑节能标准规定值的70%			
		增加项		非传统水源利用率不低于50%			
		增加项		采用预制混凝土结构、预制厨卫等工厂化住宅体系,预制率不低于50%			

表 2-9　福建省标准中"绿色施工"专项指标表

施工管理	控制项	①成立绿色施工管理小组,建立并制定绿色施工管理制度与目标 ②制定绿色施工专项方案。施工单位组织专家论证施工专项方案的可行性和有效性,经过论证的专项方案按有关规定进行审批 ③实施绿色施工的动态管理,加强对施工全过程的监督和控制 ④实施绿色施工的自评制度,结合工程特点,对绿色施工的效果及采用的新技术、新设备、新材料、新工艺进行自评估 ⑤实施健全的人员安全与健康管理制度
	一般项	①成立专家评估小组,对绿色施工专项方案的实施和效果进行综合评估 ②结合工程项目的特点,有针对性地进行绿色施工的宣传与教育,定期对职工进行绿色施工培训 ③工程施工单位贯彻质量、环境和安全管理体系标准并通过 ISO9000、ISO14000 及 ISO18000 环境管理体系认证
	优选项	获得市级以上文明工地称号
资源节约	控制项	①施工采取先进的技术措施进行土地开挖,最大限度地减少对土地的扰动,保护周边的自然生态环境 ②施工实行用电、用水计量管理,严格控制施工阶段用电用水量 ③施工现场的临时设施建设禁止使用国家和福建省淘汰的落后技术、设备、材料和工艺
	一般项	①施工总平面规划布置合理、紧凑 ②采取有效措施提高用水效率 ③合理利用非传统水源和循环水,施工中非传统水源和循环水的利用量大于 30% ④采取有效措施保障非传统水源和循环再利用水的用水安全 ⑤制定合理的施工能耗指标,采取有效的节能措施提高能源利用率 ⑥选用节能型机械设备与机具,采取有效措施降低施工设备与机具能耗 ⑦利用自然条件,因地制宜设计生产、生活及办公临时设施 ⑧现场材料按结构材料、围护材料、装饰装修材料、周转材料等方面进行分类管理和使用,并根据不同特性制定相应的节约措施 ⑨依据施工预算,实行限额领料,减少材料损耗,材料损耗率比定额损耗率降低 30% ⑩工程施工所需临时设施采用可循环使用材料,工地用房、临时围挡材料的可重复使用率达到 50% 以上
	优选项	采用绿色施工新技术、新材料、新设备、新工艺
环境保护	控制项	①施工现场主要道路根据用途进行硬化处理。施工现场办公区和生活区的裸露场地采取绿化措施 ②建筑物内施工垃圾的清运采取相应的容器或管道运输。施工场地生活垃圾实行袋装化,及时清运 ③施工现场采取光污染遮蔽措施,控制电焊眩光、夜间施工照明光以及过于强烈的建材反射光等污染光源外泄对周围环境造成光污染
	一般项	①采取有效措施抑制施工过程中产生的各种扬尘危害,场界四周格挡高度位置测试大气总悬浮颗粒物 TSP 月平均浓度与城市背景值的差值不大于 0.08mg/m³ ②采取地下水资源保护措施 ③施工现场污水排放达标,污水处理措施得当 ④保护地表环境,防止土壤侵蚀、流失 ⑤施工现场的噪声设备布置及强噪作业时间安排应符合国家及省市相关规定,并对施工现场场界噪声进行检测和记录,噪声排放不超过国家标准 ⑥及时安全保护地下设施、文物和资源
	优选项	①制定建筑垃圾减量化计划,加强建筑垃圾的回收利用 ②施工现场建立封闭式垃圾站,对建筑垃圾进行分类收集,集中运出 ③统计分析施工项目的二氧化碳排放量,以及各种不同植被和树种的固定量

2.3.2　总结

经过比较分析华南地区几个地方标准体现的共性特点,探讨总结适合该地区绿色建筑技术主要有以下几个方面:

1. 自然通风

可通过以下措施改善或加大居住建筑的自然通风:

(1)增大卧室、起居室外窗的可开启面积,为实现自然通风创造条件。

(2)通过风环境模拟预测分析,合理设计建筑体形、楼距、开窗方式,充分发挥 CFD 模拟技术在设计中的指导作用。

(3)住区底层架空,改善室外活动场所的风环境。

(4)地下空间直接或间接利用出入口、天井、侧窗、天窗等部位进行自然采光通风。

(5)设置穿堂风。

2. 外遮阳

华南地区冬季短夏季漫长,夏季太阳辐射量大,消耗的空调电量主要用在透过玻璃的辐射得热,因此安装固定遮阳板、百叶窗、遮阳卷帘或内置百叶的中空玻璃窗等外遮阳设施会明显改善室内热环境,减少开启空调时间,从而降低空调的能耗。

3. 隔热

隔热的主要措施有:

(1)非绿化屋面、建筑外墙使用浅色饰面。

(2)设置屋顶绿化进行屋面隔热;外墙使用垂直绿化进行隔热遮阳。

(3)外墙使用保温砂浆隔热。

4. 雨水收集利用

此气候区域降雨量丰富,植物常绿,绿化用水量很大。因此增加雨水入渗、收集利用雨水进行绿化、冲洗等回用措施,有重要的节水意义。

5. 防潮

华南地区普遍存在春季泛潮的状况,居住建筑需要采取措施防止泛潮、发霉,可通过改善门窗的密闭性能、使用吸湿性好的面层材料等途径实现。

通过以上标准条文的探讨分析,可以发现,华南地区非常重视自然通风、遮阳、绿化在绿色建筑中的影响和作用,也提出了一些较为实用的设计手法。希望这些分析能够对绿色建筑技术的应用和发展起到促进作用。

第3章 绿色建筑技术

3.1 绿色建筑技术清单

根据绿色建筑在节地与室外环境、节能与能源利用、节水与水资源利用、节材与材料资源利用、室内环境质量、运营管理六方面的要求,把各方面要求的条文整理成绿色技术表格,并根据绿色技术条文的属性和绿色技术实现的难易程度及其成本把绿色技术划分为控制项、优选项和可选项。其中控制项为必须做到的,可选项是推荐优先选用的,优选项是根据项目的实际情况可供选择的绿色技术。

表3-1 常用绿色建筑技术

技术分类			技术内容	备注
节地与室外环境	规划设计系统	场地原生态保护	场地建设生态系统干扰最小的建筑规划(水系、原生绿地保留与补偿)	控制项
		选址要求	选址无洪灾、泥石流及含氡土壤的威胁,建筑场地安全范围内无电磁辐射危害和火、爆、有毒物质等危险源	
		规划指标的满足	人均居住用地指标、绿地率、人均公共绿地面积	
		地下空间利用	地下/半地下车库、机房、自行车库	优选项
			立体停车(局部)	
		公共服务设施	公共设施共享	
		公共交通	住区出入口到达公共交通站点的步行距离不超过500m	
		绿色交通	连续遮阴人行道	可选项
			自行车道	
			便捷、可遮阳、避雨、无障碍的公共交通接驳方式	
	室外环境保护系统	场地生态化建设	土壤、水体的保护、保留和复用	控制项
			透水地面	可选项
			低热岛效应的下垫面选择	
			场地风环境优化	
		绿化种植系统	乡土植物选择	控制项
			保留原生植物	
			屋顶绿化	可选项
			垂直绿化	
			水体绿化	
			绿化优化配置技术(乔、灌、草结合+连续遮阴+防风+喜阴喜阳区分)	

技术分类			技术内容		备注
节地与室外环境	防止污染系统		防止光污染技术(玻璃幕墙反光率选择)		控制项
			基于声环境模拟技术的噪声污染防治技术		可选项
			防止空气污染(空调器高位排热 + 新风口选择)		控制项
			水质保障		
	垃圾处理系统		垃圾源头深度分类收集		可选项
			垃圾压缩处理		
			有机垃圾生化处理		
	绿色施工技术		土方平衡、生态保护和水土保持		控制项
			污染控制(污水、噪声、尘土、固体废弃物等)		
节能与能源利用	能源供给系统	可再生能源系统	太阳能生活热水系统		优选项
			地源水源热泵采暖(空调)		
			被动采光技术(地下室和室内自然采光)		可选项
			自然通风技术(地下室和室内自然通风)		
			光伏公共照明系统(路灯、草坪灯等)		
	建筑设计及构造系统	墙体系统	节能墙体材料		控制项
			浅色饰面		可选项
		门窗(玻璃)系统	Low-E 玻璃门窗,热环境与声环境不利点选择中空玻璃		
			控制窗墙面积比		控制项
		屋面系统	倒置式屋面		可选项
			遮阳屋面(百叶遮阳、植物遮阳)		
			高太阳能反射率屋面		
		遮阳系统	建筑构件遮阳(走廊、阳台等)		
			固定外遮阳		
			活动外遮阳		
			中间遮阳		
		单体要求	合理设计建筑体形、朝向、楼距		
	设备系统	采暖空调系统	集中空调系统时,所选用冷水机组或单元式空调机组性能系数、能效比符合国家标准		控制项
			室温调节和热量计量设施		
			效率高的用能系统		可选项
			能量回收系统		
		照明系统	高效光源、高效灯具和低损耗的镇流器		
			节能控制措施		
		运行管理系统	运行设备控制	智能化照明控制技术(光控、时控与人员感测监控)(公共部分)	控制项
				控制调节系统(供气、供水、供电、供热设备监控)(公共部分)	
			分户计量、分室控温技术	分类、分层、分户计量收费系统	

54

续表 3 – 1

技术分类		技术内容		备注
节水与水资源利用	设备系统	管网避免漏损		控制项
		节水器具和设备		
	非传统水源的利用	人工湿地处理雨水及建筑中水		可选项
		景观用水采用非传统水源		控制项
		绿化用水、洗车用水采用非传统水源		可选项
	给水系统	绿化灌溉采取节水高效灌溉方式		
		对不同用途和不同计费单位分别设水表统计用水量,实现"用者付费"达到节水目的		
	增加雨水渗透	下凹式绿地		
		植草砖		
		铺地材质选用多孔材质		
		渗透式雨水井、雨水渗透管		
	水质安全	合理选用再生水处理技术		
		非传统水源采取用水安全保障措施,确保水质安全		控制项
节材与材料资源利用	建筑材料	优先选用当地材料		可选项
		材料中有害物质含量符合国家标准		控制项
		考虑使用可再循环材料		可选项
		利用可再利用材料		
		选用以废弃物为原料的建筑材料		
		现浇混凝土采用预拌混凝土		
	造型要素	造型设计要素简约		控制项
	结构体系	优化结构体系降低资源消耗及对环境的影响		优选项
		采用钢结构、非黏土砖砌体结构、木结构、预制混凝土结构		
		结构材料选用高性能混凝土、高强度钢筋		可选项
	施工控制	固体废弃物分类处理		
		可再利用材料、可再循环材料回收和再利用		优选项
		土建与装修一体化设计或套餐式装修		可选项
室内环境质量	室内环境质量营造	日照	朝向、间距、相对位置合理确定	控制项
			优化户型	可选项
			日照模拟优化设计	
		采光	保证窗地比满足要求	
			采光模拟优化设计	
		隔声减噪	室外声环境改善措施(声屏障、绿化隔离带、微地形隔噪等)	控制项
			门窗隔声(不利点设置双层窗或通风隔声窗)	
			管道与设备隔声(隔振器、消声、吸声器与吸声材料)	
			楼板隔声(浮筑)	
			选择具有合理隔声性能的围护结构构造	
			室外基于声环境模拟技术的噪声污染防治技术	
		自然通风	合理的通风开口面积	可选项

55

技术分类			技术内容	备注
室内环境质量			室外自然风场的优化	
			合理组织室内气流	
		空气污染物	污染源(建筑材料、室内设施)防治	控制项
			中央吸尘系统	
		视野	合理的间距	
			合理的开窗形式	可选项
			明卫设计	
		结露	冷热桥部位防结露构造	
		隔热验算	通过隔热验算确定合理构造	
	设备系统		集中采暖(空调)住宅,室温调节系统	
			可调节外遮阳、中间遮阳装置	
			置换式健康新风系统	
			空气质量智能检测装置	
			蓄能、调湿等功能材料的应用	优选项
运营管理	物业部门		制定实施节能、节水、节材与绿化管理制度	控制项
			住宅水、电、燃气分户、分类计量与收费	
			物业管理部门通过 ISO14001 环境管理体系认证	可选项
			管道施工图详细注明设备和管道的安装位置,便于后期检修与改造	
	垃圾管理系统		设置封闭垃圾容器	控制项
			袋装化生活垃圾	
			分类收集	
			防止二次污染	
			垃圾房设风道或排风、冲洗和排水设施	
			存放的垃圾及时清运	
			可生物降解垃圾生化处理	
	绿化管理系统		小区绿化及时养护、管理、保洁、更新、修理,使树木生长状况良好	
			采用无公害病虫害防治技术	可选项
			规范杀虫剂、除草剂、化肥和农药等化学药品的使用	
	智能化系统		安全防范系统	
			管理监控系统	
			通信网络系统	

3.2　住宅建筑绿色技术应用现状

项目组对 2008 年至 2011 年 4 月期间,在全国范围内获得绿色建筑设计以及运行标识的共 48 个项目进行了整理分析,并以一星、二星、三星为划分原则,对这些项目应用的绿色技术进行了统计分析。

3.2.1　一星级绿色建筑绿色技术应用情况统计

统计的一星级绿色建筑包括:保利麓谷林语(长沙)、翡翠绿洲 2#~7#(广东清远)、绿地香颂住宅(南昌)、金都·城市芯宇(杭州)、金都·汉宫(武汉)、康居住宅小区三期工程、绿地·国际花都(成都)、绿地·新都会(重庆)、绿地逸湾苑(上海)、宁波湾头城中村安置房项目、青城国际(武汉)、无锡万达广场 C、D 区住宅、雅戈尔太阳城一期项目。一星级绿色建筑项目绿色技术应用情况见图 3-1。根据一星级绿色建筑的绿色技术应用情况进行统计分析,统计情况详见表 3-2。

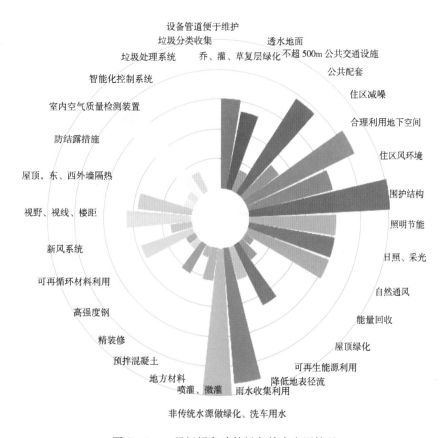

图 3-1　一星级绿色建筑绿色技术应用情况

一星级项目采用的技术主要集中在合理利用地下空间、围护结构、通风、日照、采光、住区配套等常规被动式设计手法上,雨水收集利用和非传统水源利用也应用较多,少数楼盘采用的高成本低效率技术,如能量回收、可再生能源利用、室内空气质量检测装置等,其实达到一星级标准完全可以不采用这些技术的(详见表 3-2 一星级绿色建筑绿色技术统计表)。值得注意的是,部分项目采用了太阳能路灯、景观灯、风光互补路灯等,这些仅能起到示范作用,但未能满足标准要求。

3.2.2　二星级绿色建筑绿色技术应用情况统计

统计的二星级绿色建筑包括:大屯路 224 号住宅(北京)、裕丰·英伦(南宁)、海山·金谷天城(武汉)、金山谷(广州)、京华城中城(扬州)、绿地宝里住宅(上海)、绿地江桥保障房(上海)、万科金色水岸(宁波)、仁恒海河广场(天津)、万科府前花园 A 组团、万科中粮假日风景(北京)、止泊园(北海)、中新科技城 240A 地块(苏州)、中新生态科技城人才公寓(苏州)、中新置地 239 地块(苏州)、中洋·现代城(南通)、曹妃甸国际生态城央企生活服务基地(唐山)。二星级绿色建筑项目绿色技术应用情况见表 3-3。

表3-2 一星级绿色建筑绿色技术统计表

绿色技术 / 项目	保利麓谷林语(长沙)	翡翠绿洲2#~7#(广东清远)	绿地香颂住宅(南昌)	金都·城市芯宇(杭州)	金都·汉宫(武汉)	康居住宅小区三期工程	绿地·国际花都(成都)	绿地·新都会(重庆)	绿地逸湾苑(上海)	宁波湾头城中村安置房	菁城国际(武汉)	无锡万达广场C、D区住宅	雅戈尔太阳城一期
节地 — 乔、灌、草复层绿化,每100m²大于3株乔木		√	√	√	√	√			√				√
节地 — 透水地面		√	√	√	√	√			√			√	√
节地 — 不超500m公共交通设施	√	√		√	√	√			√			√	√
节地 — 公共配套				√	√	√	√	√				√	
节地 — 住区减噪	√			√	√	√			√	√	√		√
节地 — 合理利用地下空间		√	√	√	√	√	√	√	√			√	
节地 — 住区风环境	√		√	√	√	√	√	√	√		√	√	√
节能 — 围护结构	20mm保温砂浆,断热铝合金Low-E中空			外保温,铝合金Low-E中空	聚苯板外保温,断热铝合金Low-E中空	聚苯板外保温,断热铝合金Low-E中空	√	√	√	√	内保温	外保温,断热铝合金中空玻璃	√
节能 — 照明节能	√	√		√	√	√	√	√	√		√	√	
节能 — 日照采光	√			导光筒	√	√	√	√	√		√	√	
节能 — 自然通风	√			√		√		√	√		√	√	
节能 — 能量回收				√									
节能 — 屋顶绿化				√	√								
节能 — 可再生能源利用	地源热泵空调	地源热泵空调		地源热泵、太阳能热水发电、风力发电(会所)	太阳能光电照明					太阳能热水	太阳能光伏光热		部分地源热泵、太阳能路灯/地灯

绿色技术	项目	保利麓谷林语（长沙）	翡翠绿洲2#～7#（广东清远）	绿地香颂住宅（南昌）	金都·城市芯宇（杭州）	金都·汉宫（武汉）	康居住宅小区三期工程	绿地·国际花都（成都）	绿地·新都会（重庆）	绿地逸湾苑（上海）	宁波湾头城中村安置房	青城国际（武汉）	无锡万达广场C、D区住宅	雅戈尔太阳城阳城一期
节水	降低地表径流	√											√	√
	雨水收集利用	√	√	√	√	√	√	√	√	√		√	√	√
	非传统水源做绿化、洗车用水	√	√	√	√	√	√	√	√	√	√	√	√	√
	喷灌、微灌				√		√						√	
	地方材料				√									
节材	预拌混凝土	√	√	√	√		√						√	√
	精装修			√		√							√	
	高强度钢					√								
	可再循环材料利用	√	√		√		√			√			√	√
室内环境	新风系统				√	√	√			√		√	√	√
	视野、视线、楼距					√							√	
	屋顶、东、西外墙隔热	√	√	√	√		√	√					√	
	防结露措施			√			√			√				
	室内空气质量检测装置													√
运营管理	智能化控制系统	√	√	√	√	√	√	√		√		√	√	√
	垃圾处理系统				√	√							√	
	垃圾分类收集				√		√			√				
	设备管道便于维护												√	

59

表3-3 二星级绿色建筑绿色技术统计表

绿色技术	项目	大屯路224号住宅	裕丰·英伦	海山·金谷天城	金山谷	京华城中城	绿地宝里住宅	绿地江桥保障房	万科金色水岸	仁恒海河广场	万科府前花园A组团	万科中粮假日风景	止泊园	中新科技城240A地块	中新生态科技城人才公寓	中新置地239地块	中洋·现代城	曹妃甸央企基地
节地	乔、灌、草复层绿化，每100m²大于3株乔木	√	√		√	√		√		√	√	√				√	√	
	透水地面	√	√		√	√		√		√	√			√	√	√		
	不超500m公共交通设施	√	√	√	√	√	√	√	√	√	√		√	√	√		√	√
	公共配套	√	√	√	√	√	√	√	√	√			√	√	√		√	√
	住区减噪	√	√	√	√	√	√			√								
	住区风环境	√	√	√	√	√	√		√									
	旧建筑利用										√							
	合理利用地下空间	√	√	√	√	√			√	√	√	√	√	√	√	√	√	√
节能	围护结构	中空玻璃	中空玻璃	Low-E中空玻璃	中空玻璃	断热Low-E中空玻璃	√	断热Low-E中空玻璃	Low-E中空玻璃	√	√	√	断热中空玻璃	√	√	膨胀聚苯板温、中空玻璃	断热中空玻璃	√
	照明节能	√	√	√	√	√	√	√	√	√	√	√	√	√	√	√	√	√
	日照、采光	√	√	√	√	√	√		√	√	√	√	√	√	√	√	√	√
	自然通风	√	√	√	√	√	√		√	√		√	√	√	√	√	√	√
	能量回收			√														
	屋顶绿化垂直绿化	√			√	√	√	√	√	√	√	√	√	√	√			√
	高效中央空调或采暖			√	√		√		√	√								
	可再生能源利用	太阳能热水	太阳能热水	地源热泵、太阳能热水	太阳能热水	太阳能热水						太阳能热水>5%	太阳能热水>10%	太阳能热水	太阳能热水	太阳能热水		
	节能80%		√	√	√	√								√	√			√

绿色技术		项目	大屯路224号住宅	裕丰·英伦	海山·金谷天城	金山谷	京华城中城	绿地宝里住宅	绿地江桥保障房	万科金色水岸	仁恒海河广场	万科府前花园A组团	万科中粮假日风景	止泊园	中新科技城240A地块	中新生态科技城人才公寓	中新置地239地块	中洋·现代城	曹妃甸央企基地
节水		降低地表径流	√			√	√		√		√	√		√	√	√	√	√	
		雨水收集利用		√	√	√	√		√		√	√		√	√	√	√	√	
		非传统水源做绿化、洗车用水	√	√	√	√	√		√		√	√	√	√	√	√	√	√	√
		再生水	√	√		√					√		√			√			√
		喷灌、微灌					√				√	√	√	√					
		非传统水源利用率	32.30%								37.70%		√					10%	
节材		地方材料		√		√													
		预拌混凝土	√	√															
		土建装修一体化	√	√		√				√	√	√	√					√	
		高强度钢									√		√	√					
		可再循环材料利用		√		√					√								
		废弃物分类、回收		√															
室内环境		新风系统		√	√	√				√		√	√	√		√			
		视野、视线、楼距				√	√				√	√	√	√					
		屋顶、东、西外墙隔热				√						√	√	√					
		防结露措施					√				√								
		外遮阳	√	√		√	√			√		√	√			√			
		室温可调	√			√	√			√	√		√					√	
		通风换气装置				√													√
		室内空气质量检测装置																	

续表 3 – 3

绿色技术	项目	大屯路224号住宅	裕丰·英伦	海山·金谷天城	金山谷	京华城中城	绿地宝里住宅	绿地江桥保障房	万科金色水岸	仁恒海河广场	万科府前花园A组团	万科中粮假日风景	止泊园	中新科技城240A地块	中新生态科技城人才公寓	中新置地239地块	中洋·现代城	曹妃甸央企基地
运营管理	智能化控制系统	√	√			√			√	√	√	√	√		√		√	
	垃圾处理系统																	
	垃圾分类收集		√										√					
	设备管道便于维护	√				√					√							
	物业 ISO 认证		√									√					√	
	无公害防虫		√															

二星级绿色建筑的绿色技术应用情况详见图 3-2。

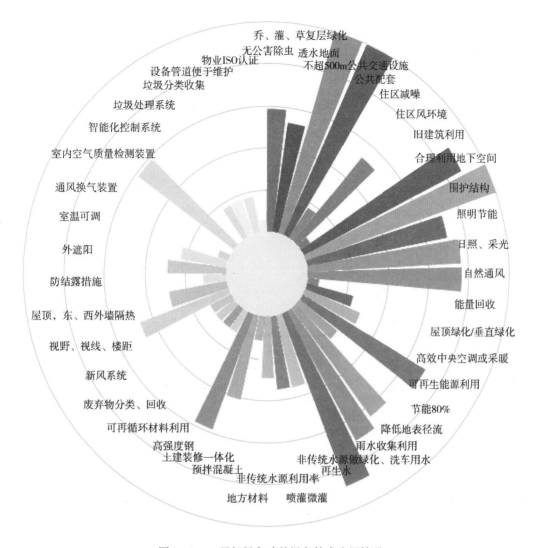

图 3-2　二星级绿色建筑绿色技术应用情况

　　二星级项目采用的技术主要集中在围护结构、合理利用地下空间、通风、日照、采光、住区配套等常规被动式设计手法上,部分楼盘采用的高成本低效率技术,如能量回收、中央空调、室内空气质量检测装置等(详见表 3-3 二星级绿色建筑绿色技术统计表)。

　　二星级项目在优选项中绝大部分选择了可再生能源利用、非传统水源利用、地下空间利用这三个方面。在设计阶段评价时,达到二星级,优选项满足两条即可,即"利用了地下空间"再增加一条(可选用"采暖或空调能耗不高于节能标准规定值的80%"这条)即可满足,有条件时,可采用可再生能源利用、非传统水源利用这些技术。

3.2.3　三星级绿色建筑绿色技术应用情况统计

　　统计的三星级绿色建筑包括:上海万科城新花园、南京骋望骊都华庭、上海朗诗、天津仁恒河滨花园、深圳万科城、苏州东环路长风住宅项目、苏州金域缇香住宅项目、天津市·万科时尚广场住宅项目、万科珠海宾馆改造项目、万通地产——世茂湿地公园、新疆缔森君悦海棠绿筑小区、北京市中粮万科长阳半岛。三星级绿色建筑项目绿色技术应用情况见图 3-3。

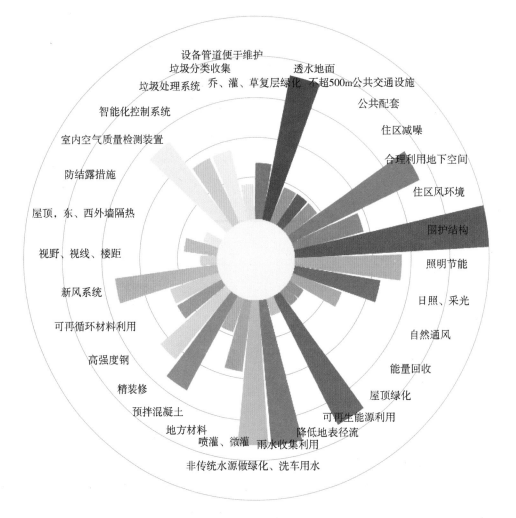

图 3 - 3 三星级绿色建筑绿色技术应用统计

三星级项目采用的技术比较分散,在节地、节水方面比一、二星级做得好。节能采用了一些高成本低效率的技术,如能量回收、新风系统等(详见表 3 - 4 三星级绿色建筑绿色技术统计表)。三星级项目在优选项中绝大部分选择了可再生能源利用、非传统水源利用、地下空间利用、采暖或空调能耗不高于节能标准规定值的80%这几个方面。

表 3-4　三星级绿色建筑绿色技术统计表

	绿色技术	上海万科城花新园	南京骋望骊都华庭	上海朗诗	天津仁恒河滨花园	深圳万科城	苏州东环路长风住宅项目	苏州金域缇香住宅	天津万科时尚广场住宅项目	万科珠海宾馆改造	万通地产世茂湿地公园	新疆缔森君悦海棠绿筑小区	北京中粮万科长阴半岛
节地	乔、灌、草复层绿化,每 100m² 大于 3 株乔木	√		√									
	透水地面	√		√	√	√	√	√					√
	不超 500m 公共交通设施	√		√	√	√	√						√
	公共配套	√				√					√		√
	住区减噪					√							√
	利用地下空间	√	√	√	√			√	√	√			
	住区风环境			√		√		√	√	√	√		
节能	围护结构	节能率 65%	活动外遮阳	节能率 60%	节能率 72%	√	活动外遮阳	活动外遮阳	节能率 65%	节能率 60%			72%
	照明节能	√	√	√		√	√			√			√
	日照、采光	√	√			√	√			√	√		√
	自然通风					√			√	√			
	能量回收		√										
	屋顶绿化	√											
	可再生能源利用	√	地源热泵	地源热泵	太阳能灯	√					太阳能		太阳能
节水	降低地表径流					√	√						
	雨水收集利用	√	√	√	√	√	√	√					√
	非传统水源做绿化、洗车用水				√		√	√	√	√	√		√
	喷灌、微灌			√	√	√		√	√		√		√

绿色技术		上海万科城花新园	南京骋望骊都华庭	上海朗诗	天津仁恒河滨花园	深圳万科城	苏州东环路长风住宅项目	苏州金域缇香住宅	天津万科时尚广场住宅项目	万科珠海宾馆改造	万通地产——世茂湿地公园	新疆缔森君悦海棠绿筑小区	北京中粮万科长阳半岛
节材	地方材料	√											√
	预拌混凝土	√			√	√		√		√	√		√
	精装修	√			√		√	√		√			
	土建装修一体化	√	√	√	√	√	√	√		√	√		√
	高强度钢	√	√		√					√			
	可再循环材料			√	√	√			√				√
	新风系统		√	√	√				√	√	√		
室内环境	视野、视线、楼距				√								
	外墙隔热					√				√			
	隔音防噪设计	√		√		√				√			√
	防结露措施												√
	室内空气质量检测装置												
运营管理	智能化控制系统	√		√	√	√				√			√
	垃圾处理系统	√			√					√	√		√
	垃圾分类收集	√				√				√			√
	设备管道便于维护					√							√

第4章 绿色建筑技术比较与分析

通过资料收集、学术会议交流项目经验、实际项目调研等方式,对已经获得国家绿色建筑标识(以下简称国家绿标)的部分绿色建筑项目的技术资料进行整理、综合分析、总结之后,将一些地产商的绿色建筑技术措施按照国家绿标节地、节能、节水、节材、室内环境质量、运营管理等的要求,分项进行了总结和归纳。

4.1 万科地产绿色建筑项目技术措施

万科地产在华南地区开发的建筑获得绿色建筑标识的项目较多,主要有:深圳万科城四期(运行标识★★★)、珠海宾馆改造项目1-5号楼(设计标识★★★)、南沙府前花园(设计标识★★)等,通过现场调研其部分绿色建筑项目,并与万科内部工作人员进行访谈,总结分析出万科地产通常采用的绿色建筑技术见表4-1。

表4-1 万科地产绿色建筑技术措施

指标体系		技术措施
节地与室外环境		①日照模拟优化,满足日照标准的要求 ②声环境模拟优化,小区采用沥青路面,起降低噪声的作用 ③选择乡土植物,并采用乔、灌、草相结合的复层种植方式 ④风环境模拟,进行优化设计 ⑤硬质铺地采用透水地面;地上停车场采用镂空面积大于40%的植草砖,增加室外透水面积,减少热岛效应 ⑥地下空间用于停车场、设备用房、储藏间等,充分利用地下空间
节能与能源利用	低层住宅主体节能率62.06%~64.42%	①外墙采用200mm厚、加气混凝土砌块填充墙体 ②屋顶采用25mmXPS保温板 ③空调房间外窗采用传热系数 $K \leq 3.5 \text{W}/(\text{m}^2 \cdot \text{K})$,遮阳系数 SC≤0.43,可见光透射比大于0.50的铝合金中空 Low-E 玻璃窗 ④主要房间采用百叶遮阳装置
	高层住宅建筑主体节能率61.1%~63.9%	①外墙采用200mm厚、加气混凝土砌块填充墙体,外墙采用25mm无机保温砂浆内保温 ②屋顶采用30mmXPS保温板 ③空调房间外窗采用传热系数 $K \leq 3.5 \text{W}/(\text{m}^2 \cdot \text{K})$,遮阳系数 SC≤0.43,可见光透射比大于0.50的铝合金中空 Low-E 玻璃窗 ④局部采用百叶遮阳装置
	自然通风节能贡献率5%	①住宅多采用南北向 ②考虑前后开窗位置,形成穿堂风 ③窗开启扇面积达到房间地面面积10%以上
	可再生能源使用率大于5%	低层及高层采用太阳能热水系统
	公共场所照明节能	地下室采用T5节能灯,直管式荧光灯采用电子镇流器;电梯间采用光感声控开关控制,楼梯间采用红外线感应开关控制,其他场所采用跷板开光控制;电梯间与室外连通,利用自然采光;小区路灯及庭院灯采用节能照明灯具

指标体系		技术措施
节水与水资源利用	再生水源(雨水、中水)处理技术	生物接触氧化法＋高效垂直流人工湿地水质净化技术
	雨水、中水利用	雨水利用以渗透为主、收集利用为辅 绿色浇灌、道路喷洒、车库冲洗、垃圾房冲洗、水景补水等全部采用中水或收集雨水
	节水器具	节水器具使用率100%
节材与材料资源利用	借鉴家居的土建装修一体化经验,打造玄关整合系统、厨房便捷系统、卫浴集成系统、卧室收纳系统及客厅明亮系统	
	加气块中废弃物粉煤灰所占比例≥30%	
	可再循环材料利用率≥10%	
室内环境质量	采用可调节外遮阳装置,防止夏季太阳辐射透过窗户玻璃直接进入室内	
	分户层间楼板(120mm厚实心混凝土楼板＋5mm厚隔音垫＋40mm厚细石混凝土＋3mm厚聚乙烯垫＋复合木地板)的计权标准化撞击声压级为50～55dB	
	采用具有空气净化功能的涂料	
运营管理	垃圾分类收集与处理	垃圾100%分类收集、有机垃圾100%处理、有用垃圾进行回收
	智能化系统	智能化规划有8个系统:闭路电视监控及视频报警系统、周界防范报警系统、楼宇可视对讲系统、居家防盗报警系统、一卡通门禁管理系统、停车场自动管理系统、背景音乐紧急广播系统、防雷接地系统

4.2 招商地产绿色建筑项目技术措施

招商地产在华南地区开发的建筑获得绿色建筑标识的项目较多,主要有:广州金山谷住宅(设计标识★★)、南海意库(设计标识★★★)、泰格公寓(LEED银级)等,通过对其部分绿色建筑项目的现场调研,研讨会中听取工作人员介绍项目经验以及与招商地产工作人员进行访谈,统计分析出招商地产采用的绿色建筑技术见表4－2。

表4－2 招商地产绿色建筑实用技术措施

技术类别	科目名称	技术措施	备注
节地	地下立体车库	停车数量增加近一倍、造价增加不多	□
	无机房电梯	屋顶免设机房、井道尺寸减少	○
	一梯多户板楼	一层六户或更多,且户户南北对流	□
	地下空间利用	不规则空间作为物业、储存、单车保管处	√
	复杂地形利用	坡地、凹地、软弱地基利用	○
节水	雨水收集	简易处理后可用于绿化、清洁、景观	○
	中水回用	处理后的达标中水用于冲厕、景观	○
	人工湿地	处理后的水用于绿化	√
	透水地面	雨水原位渗透恢复土壤机理	○
	节水洁具	器具节水率达50%以上	○

续表 4 - 2

技术类别	科目名称	技术措施	备注
节材	预应力	大跨度、抗裂性好、截面小	○
	高强钢筋	含钢量下降、造价可降低	○
	高性能混凝土	构件截面减小	○
	水泥石粉垫层	废料利用、环保、透水	○
	环保砌块	保护农田、不用红砖、废物利用	√
节能	加气混凝土砌块	单一材料即可满足保温隔热要求	√
	高性能门窗玻璃	中空、选择性镀膜	○
	高性能门窗框料	断热铝合金、玻璃钢、塑钢框料	○
	外保温体系	大模内置、挤塑板薄抹灰、保温砂浆	○
	保温隔热材料	挤塑板、聚氨酯发泡剂	√
	太阳能热水器	平板非承压式,辅助以电加热装置	√
	空气源热泵装置	夏热冬暖地区全年适用	○
	地源热泵	夏热冬冷地区全年适用,北方采暖期可用	○
	热压拔风装置	利用热压差形成自然通风	□
	自然通风设计	利用空气压差形成自然通风	○
	自然采光设计	利用自然光的直射、折射、漫射原理	○
	光导管采光	可将室外光传输到地下室内	□
隔声与降噪	通风隔声窗	具有一定的通风、隔声能力	○
	声屏障	具有一定的声影区,可保护低层住宅	○
	吸音材料	穿孔、微孔材料,降低室内声功率	○
	迷宫消声构造	用于难以用隔声门封闭的出入口	○
	空间吸声体	减少室内混响声压级,改善音质均匀度	○
隔振	隔振沟	隔离沿地面振动传递而由此产生的噪声	□
	隔振桩	隔离远距离传递的强振动噪声	□
	阻尼隔振砂浆	隔离上下楼层的层间干扰振动噪声	□
	隔振垫	消除旋转设备振动,减少对外界的影响	○
空气质量	室内空气质量	保证室内新鲜空气比例	○
	室内甲醛含量	采用少醛和无醛的环保装修材料	√
	室内放射性剂量	天然石材须进行抽查测试	√
	室内空气异味	地漏须采用高水封结构	○
	室内油烟	采用变压式烟道,不耗电、无阀门	○
风环境	小区风环境模拟	规划设计中合理布局的工具	√
	室内风环境模拟	改善户型设计,合理组织室内通风	√
	窗扇开启面积	开启窗扇面积有具体要求以保证自然通风	√
	地下车库通风	利用侧面开窗、顶板开孔、人防出入口	○
	消除高风速影响	利用景观坡地和阻挡物降低风速	○

续表 4 - 2

技术类别	科目名称	技术措施	备注
热环境	热岛效应	减少硬地面积、铺设透水材料地面层	○
	室外机串层影响	消除或减少住宅凹槽内热空气影响	○
	玻璃屋顶效应	温室效应使得太阳辐射得热不能散发	○
	设备间通风降温	电梯机房、高压变配电房合理设计通风	√
	外墙饰面材料	材料颜色与建筑得热的关系密切相关	○
光环境	玻璃反射光影响	建筑物之间因阳光反射而造成的光影响	√
	公共照明灯影响	夜间公共照明灯具对住宅室内的影响	○
	镀膜玻璃光反射	镀膜玻璃的光反射可通过模拟事先评估	○
	夜间广告灯光	采用节能型光源	○
	夜间反光标志	微光、弱光状态下实现指引警示作用	○
废弃物	垃圾分类收集	建立分类收集箱	√
	垃圾压缩储存	压缩储存,提高运输效率	□
	垃圾无害处理	采用高温焚烧发电、中温热解方法处理	□
	垃圾分类回收	物尽其用	○
	垃圾外运方式	密封运输,减少污染	○
安防	周界安防系统	尽量采用藤类绿化、围墙内置铁丝网	○
	巡更系统	保安员按规定进行定点巡逻	○
	闭路监控系统	闭路电视监控系统可靠性高,有硬盘记录	√
	消防报警系统	与公共背景音乐系统组合	√
	燃气泄露报警系统	泄露报警并切断管线供气	√
智能化	门禁系统	住户与访客通过管理中心实现互联	√
	可视对讲系统	为减少负荷,仅在每栋单元门设置该系统	√
	紧急呼叫系统	通过局域网实现这一功能	○
	住区管理平台	利用局域网进行住区业务管理	○
	远程抄表系统	由于其可靠性差,根据具体情况选择采用	○

注:√代表必选项;○代表可选项;□代表未用过。

1. 在建设项目中必做的技术措施有:
(1)垂直绿化;
(2)塑木地板;
(3)水体冷却优化技术;
(4)雨水渗滤;
(5)人工湿地(或生态桶);
(6)透水地面,节水洁具;
(7)建筑废料利用;
(8)太阳能热水器;
(9)地下室自然通风和自然采光设计;
(10)节能灯具、光源和配件;
(11)节能反光片。

2. 建设项目可根据各自特点选做的技术措施有：

(1) 绿色交通系统；

(2) 小区自然通风模拟；

(3) 架空地面通风设计；

(4) 高层开洞空中花园建构技术；

(5) 屋顶绿化；

(6) 乔木、灌木的复层绿化；

(7) 强噪声源掩蔽；

(8) 机械式停车库建设技术；

(9) 屋面雨水收集系统；

(10) 空调冷凝水回收利用；

(11) 中水利用；

(12) 高效节水灌溉技术；

(13) 土建与装修工程一体化设计施工；

(14) 现浇混凝土采用预拌混凝土；

(15) 高性能建筑材料。

4.3　中海地产绿色建筑项目技术措施

根据收集的中海地产所做的绿色建筑项目资料，总结归纳、分析出中海地产采用的绿色建筑技术，见表4-3。

表4-3　中海地产绿色建筑一般项目技术措施

项目			技术措施
节地与室外环境	规划设计系统	场地原生态保护	生态系统干扰最小的建筑规划（水系、原生绿地保留与补偿）
		地下空间利用	地下/半地下车库、机房、自行车库
			立体停车（局部）
		公共服务设施	公共设施共享
		绿色交通	①连续遮阴人行道、自行车道 ②便捷、可遮阳、避雨、无障碍的公共交通接驳方式
	室外环境保护系统	场地生态化建设	①土壤、水体的保护、保留和复用 ②透水地面 ③低热岛效应的下垫面选择 ④场地风环境优化
		绿化种植系统	①乡土植物选择、保留原生植物 ②屋顶绿化 ③垂直绿化 ④水体绿化 ⑤绿化优化配置技术（乔、灌、草结合＋连续遮阴＋防风＋喜阴喜阳区分）
		防止污染系统	①防止光污染技术（玻璃幕墙反光率选择） ②基于声环境模拟技术的噪声污染防治技术 ③防止空气污染（空调器高位排热＋新风口选择） ④水质保障

项目			技术措施
节地与室外环境	室外环境保护系统	垃圾处理系统	①垃圾源头深度分类收集 ②垃圾压缩处理 ③有机垃圾生化处理
		绿色施工技术	①土方平衡、生态保护和水土保持 ②污染控制(污水、噪声、尘土、固体废弃物等) ③资源回收利用(建筑垃圾等)
节能与能源利用	能源系统	可再生能源系统	①太阳能生活热水系统 ②被动采光技术(地下室和室内自然采光) ③自然通风技术(地下室和室内自然通风) ④光伏公共照明系统(路灯、草坪灯等)
	建筑构造系统	墙体系统	①窗墙比控制 ②节能墙体材料、浅色饰面
		门窗(玻璃)系统	Low-E 玻璃门窗,热环境与声环境不利点选择中空玻璃
		屋面系统	倒置式屋面、遮阳屋面(百叶遮阳、植物遮阳)、高太阳能反射率屋面
		遮阳系统	建筑构件遮阳(走廊、阳台等)、固定外遮阳、活动外遮阳
	建筑设备系统	配电照明系统	①节能光源灯具应用技术(公共部分) ②节能调节设备应用技术(公共部分)
	运行管理系统	运行设备控制	①智能化照明控制技术(光控、时控与人员感测监控)(公共部分) ②控制调节系统(供气、供水、供电、供热设备监控)(公共部分)
		分户计量、分室控温技术	分类、分层、分户计量收费系统
节水与水资源利用	节水控制	优化供水系统	给排水系统优化
		节水设备系统	节水灌溉、节水型器具
		计量付费系统	分类计量系统
	非传统水源利用	再生水利用系统	①中水回用 + 人工湿地 ②雨水收集与利用
节材与材料资源利用	造型要素	造型设计	造型要素简约
	建筑材料	就地取材	就地取材
		高性能材料	主体结构用混凝土、钢筋局部采用高强材料
	建筑装修系统	精装修	土建装修一体化方案 + 套餐式装修、整体厨卫
	再生材料	含再生材料的建筑材料	采用含再生材料的建筑材料

项目			技术措施
室内环境	室内环境保护系统	日照	日照优化
		采光技术	自然采光(地下室、居室采光优化)
		污染控制技术	①主要空间与地下室 CO_2 监测、地下室 CO 监测 ②防止放射性污染(氡检测) ③环保装饰装修材料 + 入住前空气质量检测 ④室外声环境改善措施(声屏障、绿化隔离带、微地形隔噪等) ⑤门窗隔声(不利点设置双层窗或通风隔声窗) ⑥管道与设备隔声(隔振器、消声、吸声器与吸声材料) ⑦楼板隔声(浮筑) ⑧建筑入口(会所 + 公共部分)除尘系统
		通风湿度温度控制技术	①自然通风优化模拟设计 ②户式(中央)新风系统 ③室内温、湿度控制

4.4　绿地集团绿色建筑项目技术措施

绿地集团坚持贯彻国家"十二五"节能减排政策,坚定实施绿色低碳战略,2011 年将确保所有项目达到绿色建筑星级标准和国家 65% 建筑节能标准,到 2015 年,实现竣工项目全部达到国家节能高标准和绿色建筑星级标准,部分项目达到欧盟绿色标准(英国 BREEM 标准和德国 DGNB 绿色建筑标准)和美国 LEED 标准认证,项目运行能耗低于同类项目10% 以上。根据目前绿色集团所做的绿色建筑项目,统计分析出绿色集团采用的绿色建筑技术,见表 4 - 4。

表 4 - 4　绿地集团绿色建筑一般项目技术措施

指标体系	科目名称	备注
节地	乔、灌、草复层绿化,每 $100m^2$ 大于 3 株乔木	必选
	透水地面	可选
	不超过 500m 公共交通设施	必选
	公共配套	必选
	住区减噪	慎选
	住区风环境	可选
	旧建筑利用	慎选
	合理利用地下空间	可选
节能	围护结构	必选
	照明节能	必选
	日照、采光	可选
	自然通风	可选
	能量回收	慎选
	屋顶绿化/垂直绿化	可选
	高效中央空调或采暖	慎选
	可再生能源利用	可选
	节能80%	慎选

指标体系	科目名称	备注
节水	节水器具	必选
	降低地表径流	可选
	雨水收集利用	必选
	非传统水源做绿化、洗车用水	可选
	再生水	慎选
	喷灌、微灌	慎选
	非传统水源利用率	可选
节材	地方材料	可选
	预拌混凝土	可选
	土建装修一体化	可选
	高强度钢	慎选
	可再循环材料利用	慎选
	废弃物分类、回收	慎选
室内环境	新风系统	慎选
	视野、视线、楼距	可选
	屋顶,东、西外墙隔热	可选
	防结露措施	慎选
	外遮阳	可选
	室温可调	慎选
	通风换气装置	慎选
	室内空气质量检测装置	慎选
运营管理	智能化控制系统	可选
	垃圾处理系统	可选
	垃圾分类收集	可选
	设备管道便于维护	慎选
	物业 ISO 认证	慎选
	无公害防虫	慎选

　　下面以几个绿地集团开发的绿色建筑为实例,说明绿地集团所采用的绿色建筑技术。

　　绿地集团开发的南昌绿地香颂项目,获得绿色建筑设计一星级。香颂项目在选址、设计的时候便开始引入了绿色、低碳的概念,倡导低碳社区建设。该项目按照绿色建筑节地、节能、节水、节材、室内环境和运行管理六大技术体系进行项目规划设计,按照绿色标准进行施工,并采用节能照明、外墙保温、节水器

图 4 - 1　绿地香颂项目效果图

具、雨水回收、复式绿化等多种技术手段和技术措施,在有限的成本控制范围内实现了绿色建筑的各项控制指标。

　　绿地·公元 1843 项目位于宝山区顾村镇,占地面积约 10.3 万平方米,规划总建筑面积约 12.9 万平方米,规划建设住宅、写字楼和商业街等。该项目对天井、客堂、亭子间、阁楼、老虎窗等经典里弄建筑元素予以改良,使采光、通风、卫生条件等达到现代标准;通过庭院绿化、屋顶绿化、垂直绿化等方式进行立体绿化覆盖,解决了传统石库门建筑绿化率不足的问题;采用保温外墙、太阳能等设施,达到绿色节能建筑的各项要求。

图 4 - 2　绿地·公元 1843 项目效果图

　　上海首个大型保障房社区——绿地新江桥城是 2009 年上海市启动建设的六大居住社区基地中第一个竣工交付使用的项目,同时也是国内首个获得国家住建部绿色建筑星级标识和全国绿色建筑创新奖的保障房项目,被称为"升级版"保障房。

　　绿地新江桥城项目应用了 10 余项绿色节能技术,是全国首个获评绿色建筑标识一星级的保障性居住社区,项目总建筑面积约 61.8 万平方米。该保障性住宅绿色节能特点突出,运用了十多项国内领先的绿色建筑技术,综合建筑节能达 65%,比普通住宅的节能标准高出 30%;并选用了分户式太阳能平板热水器,集热效率大于 45%;此外小区主干道设置太阳能路灯;所有房屋还直接利用现有屋面和硬质地面作为雨水收集面,收集的雨

图 4 - 3　绿地新桥城项目效果图

水经处理后用于绿化灌溉和洗车,每年可利用雨水量约 14000 立方米。

4.5　朗诗地产绿色建筑项目技术措施

　　根据调研目前朗诗地产所做的绿色建筑项目,并与朗诗工作人员进行访谈,统计分析出朗诗地产采用的绿色建筑技术见表 4 - 5。

表 4 - 5　朗诗地产绿色建筑技术措施

指标体系	技术措施
节地与室外环境	①日照模拟优化,满足日照标准的要求 ②选择乡土植物,并采用乔、灌、草相结合的复层种植方式 ③风环境模拟,进行优化设计 ④硬质铺地采用透水地面;地上停车场采用镂空面积大于 40% 的植草砖,增加室外透水面积,减少热岛效应 ⑤屋顶绿化与阳台绿化、地面景观连成一体,形成一个从顶到底的大花园 ⑥地下空间用于停车场、设备用房、储藏间等,充分利用地下空间

指标体系		技术措施
节能与能源利用	围护结构	①外墙:外墙采用 70mm 厚挤塑聚苯乙烯泡沫板(XPS:$K=0.029$)或 100mm 厚聚苯乙烯泡沫板(EPS:$K=0.041$) ②屋顶:屋顶采用挤塑聚苯乙烯泡沫板(XPS:$K=0.029$)或厚聚苯乙烯泡沫板(EPS:$K=0.041$),传热系数小于 0.3 ③外窗:高品质塑钢框+中空 Low-E 玻璃传热系数小于 1.5 ④地面:首层地面保温,使其传热系数小于 0.43
	可再生能源利用	①太阳能生活热水系统 ②地源热泵提供冬季采暖,夏季制冷,提供新风和生活热水 ③采用能量回收系统(送排风独立,利于能量回收)
节水与水资源利用		①采用雨水回收利用系统设计,收集屋面、地面雨水,处理后用于景观、道路浇洒及景观水池补水 ②节水器具使用率 100%
室内环境质量		①外遮阳帘片为铝制中空滚压型材,中间填充聚氨酯绝热发泡材料,多孔卷帘板阻挡 80% 太阳辐射,任意调节室内光线,安全性增强 ②外墙系统、外窗系统和楼板均采用隔音构造措施,有效阻隔外界及楼层间的噪声,提供安静的室内环境。系统采用后排水卫生设备,在本层把污、废水排入管井中的主管道,有效地解决排水噪声的影响 ③置换新风系统 风速 小于 0.3m/s,无吹风感 　　　　　　　风温 低于室温,形成新风湖 　　　　　　　风量 30m/(人·h) 　　　　　　　排风 厨房、卫生间 　　　　　　　送风 客厅、卧室、书房和餐厅等 ④全天候多级净化室内空气,最大限度地保证室内空气质量 ⑤通过在楼板内埋设的均布水管,依靠常温水为冷热媒分别进行制冷、制热以达到恒温 20～26℃ ⑥禁止使用有毒的危害环境的不可降解材料
运营管理	垃圾分类收集与处理	垃圾 100% 分类收集、有机垃圾 100% 处理、有用垃圾进行回收

4.6 当代节能地产绿色建筑项目技术措施

当代节能置业股份有限公司,自 2003 年起,开始转向环保节能住宅方向,先后在北京、长沙开发了万国城 MOMA 及 MOMA 万万树为代表的绿色住宅。

4.6.1 MOMA 系列项目低碳技术应用

MOMA 系列项目应用的主要技术系统是由北京建工博海建设有限公司、北京首都工程建筑设计有限公司和北京市华清地热开发有限责任公司联合负责对当代节能地产 MOMA 的绿色建筑技术的前期论证、设计与开发的。研究设计应用了包括《新能源系统》《能源设备系统》《外围护结构》《智能控制系统》四大系统及二十个子系统,见表 4-6。

表 4 -6 当代节能地产 MOMA 建筑节能技术的关键应用

序号	分类		MOMA 工程	重要性分类
1	减少负荷的技术	外围护结构	外墙保温系统,楼地面、屋面保温系统,外窗系统,外遮阳系统,体形外观系统	主要配套
2	可再生能源和自然能源的利用技术	新能源系统	地源热泵系统,太阳能系统,中水、雨水回收利用系统	关键
3	节能系统形式和相应末端设备的研发		顶棚辐射系统、置换式新风系统、设备输送系统	关键
4	余热或废热利用技术			
5	能量回收技术和能量存储技术	能源设备系统	带热回收装置的置换式新风系统	其他配套
6	高效能量转化设备开发、制造		高 COP 值的热泵机组	关键
7	提高流体网路效率的技术	智能控制系统	管网平衡,变频、变流量调节	其他配套

4.6.2 关键技术的研究与应用

(1)采用了地源热泵系统

北京当代 MOMA 工程采用地源热泵加冷却塔、锅炉调峰的复合式能源系统,其中地源热泵系统共使用 656 根地热管,均埋于建筑结构之下,是地产行业内单体建筑下最大的地源热泵系统之一。

(2)顶棚辐射采暖/制冷系统具体设计

①顶棚辐射采暖/制冷系统具体设计

MOMA 工程的顶棚辐射采暖/制冷系统采用 PE－X 25mm 管,埋设在混凝土楼板内,间距为 200～300mm。冬天热水供水温度为 28℃左右,与室内温差为 5～8℃,保证室温不会低于 20℃。而夏季冷水温度为 18℃,维持 6～8℃的温差,使室内温度不会高过 26℃。

②顶棚辐射采暖/制冷系统的控制

必须采用气候补偿型辐射地板采暖/制冷温控中心,通过对供水温度、回水温度、室外温度(气候补偿型)、相对湿度的严格控制及完全自动化的调整,保证了系统最佳的舒适程度、节能和人性化。

(3)采用热回收全置换式新风系统

①指标

热回收全置换式新风系统保证室内 24 h 均有新风,新风量达到每个房间换气次数 0.5～0.8次/h,每户新风量约 300m³/h,回(排)风由卫生间集中排出,经屋顶新风机组热回收后排出,新风机组带高效板式全热回收机器,送风、排风无交叉污染,热回收率在 60% 以上。

②布局

新风末端管路同天棚辐射盘管共同埋在混凝土楼板内,采用 UPVC 给水管。

(4)采用中水回收利用系统

盥洗废水、淋浴废水、洗衣废水等废水作为中水水源,经处理后再回用作为卫生间冲厕水、室外景观水池与冷却塔的补水、路面冲洗和浇灌绿植等。

图 4-4 地热管铺埋施工图片

（5）采用了雨水回收利用系统

MOMA 工程采用雨水回收利用，用于小区绿化灌溉、小区水景用水等，获得了良好的经济、社会效益。小区内道路采用渗水材质，以利于雨水入渗，有效地降低地表径流。

（6）采用生态材料

MOMA 工程的开发建设大量使用生态环境材料，能源消耗少、环境污染少、循环利用率高，有利于改善居住环境。MOMA 工程室内精装的原则是重装饰、轻装修。

4.6.3 配套技术的研究与应用

（1）外围护结构

①复合外墙系统

采用 100mm 厚的挤塑聚苯板作为保温层，表面粘贴杜邦膜防潮层，面层为铝板幕墙，幕墙与保温层之间留有 97mm 的流动空气层。

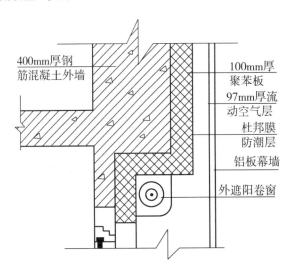

图 4-5 外围护结构剖面图

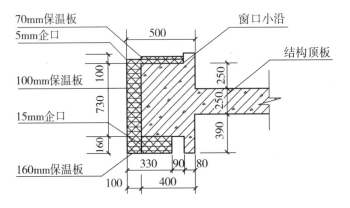

图 4-6 窗口小沿节点设计图

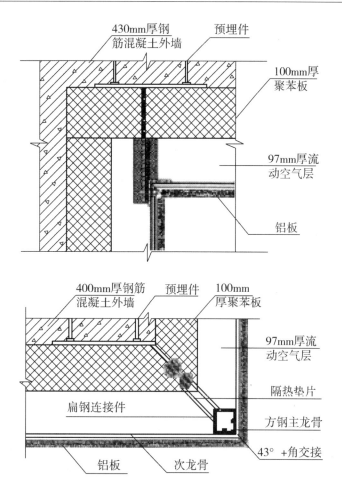

图 4 - 7　外围护结构阴角处和阳角处做法示意图

②屋面保温系统

如北京当代 MOMA 项目的屋面采用 120mm 厚的聚苯板作为保温层,女儿墙内外两侧及顶部均采用聚苯板粘贴,阻断热桥。

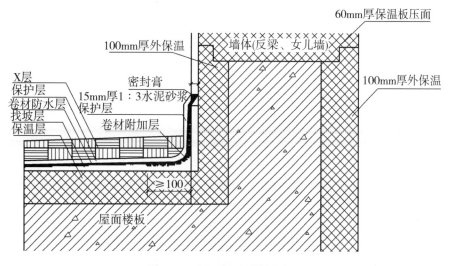

图 4 - 8　屋面保温系统示意图

③地下保温系统施工技术

以北京地区为例:将地下室外墙外保温的保温层伸入室外地坪以下 1.0m,超过北京地区冰冻

线 -0.8m,可有效阻断热桥。

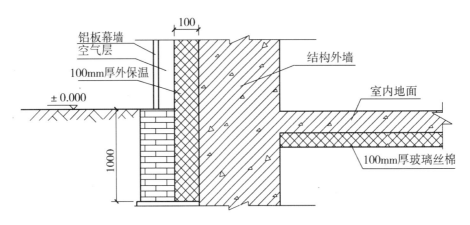

图 4-9　地下保温系统节点图

④外窗及外遮阳系统

外窗为具有良好气密性和水密性的断热铝合金窗;玻璃采用高透光率、中空层填充氩气的 Low-E 中空玻璃,配有优质三元乙炳密封胶条等保证增强隔热保温性能,减少能量损耗。同时配置外遮阳系统,带特殊形状不锈钢水平条,遮阳效率高达 90%～95%。

(2)应用隔声降噪系统

①室外声环境

MOMA 项目的小区内广种草木,设计了多层叠水、小型雾泉等水景,在美化的同时有利于消除噪声。实行人车分流,所有的汽车在小区入口处全部进入地下车库,极大地减少了车辆对业主的噪声干扰。

②室内声环境

住宅的户门选用三企口双密封门,外窗采用铝合金断桥窗,玻璃为内外钢化中空镀膜玻璃,以硅胶镶嵌,橡胶密封条密封。楼板为现浇钢筋混凝土楼板,厚度为 250mm,并铺设隔声架空龙骨地板,能有效隔绝楼层间噪音的传递。采用同层排水技术,能有效消除水流撞击管壁声及对下层住户的噪声。在建筑布局上,将卧室与有可能产生噪声的电梯井、管道井隔开,设备、管线暗装入墙,加厚分户墙,支架水平安装,免穿楼板以消除孔洞传声。

(3)设备输配系统控制

对输配系统进行保温、隔热措施,减少热损失;所有设备均作隔声抗震处理;通过各种管径变化、阀部件等做到管道压力、流量平衡,确保各层、各朝向的均好性;所有的管道都进行标识设计,便于检修。

(4)智能控制系统

①机电设备智能控制系统

MOMA 项目大量采用带有智能控制器的照明灯具、空调末端、冷水机组以及消防装置等。为了保证系统设备的安全可靠运行,实现系统的运行目标,降低系统运行的能耗。MOMA 项目还利用计算机技术和网络通信技术对系统设备进行全面的监控调节和运行管理,保证了建筑的节能运行,为客户创造了巨大的经济价值。

②智能家居系统

随着科技日新月异的发展,"舒适、便利、智能化"已成为高档住宅的建设理念,并越来越深入人心,MOMA 项目的系统采用目前最先进的家居能化系统,力求创造安全、舒适的生活环境,为客户创造超值的享受。

③安防系统

随着我国经济的快速发展,生活水平的不断提高,人们对居家的概念已从最初满足简单的居住功能发展到注重对住宅的人性化需求。安全舒适、快捷、方便的智能小区,已成为住宅发展的主流趋势,其中,安全性是首要目标。智能小区安全性的实现,除了人为的因素外,主要依靠小区的智能化安全防范系统。MOMA 项目的安防控制系统给客户提供了舒适、便捷、人性化的居住环境。

④可视对讲系统

可视对讲系统是一套现代化的小康住宅服务措施,提供访客与住户之间双向可视通话,达到图像、语音双重识别从而增加安全可靠性,同时节省大量的时间,提高了工作效率。MOMA 项目的可视对讲系统可以与小区物业管理中心或小区警卫进行通信,从而起到防盗、防灾、防煤气泄漏等安全保护作用,为业主的生命财产安全提供最大限度的保障。

⑤先进的物业管理系统

4.7　锋尚国际地产绿色建筑项目技术措施

锋尚国际地产的低碳开发全面地表现在整个过程中,不只是在某些环节低碳。锋尚国际地产在中国很多地方建了低能耗、零能耗建筑,并且应用了一些太阳能技术。与传统开发项目不同的是:

(1)置换式新风系统

采用全置换新风系统,取室外新鲜空气,经过过滤、除尘、加热、降温、加湿或除菌等处理过程,由送风管道直接送到各户主要房间,经由排气孔排出,最后由卫生间或厨房内安装的排气扇排至室外。送风、排风无交叉和重复利用问题及串风短路现象,因而更安全、健康。

置换式新风系统的主要特点是:以低于室内 $2 \sim 3$℃的温度低速输入室内,在室内下部沉积形成新风湖,并靠重力作用流淌到房间的各个角落。这样新风与室内的既有空气就会尽量不混合,遇到人体或发热的家电等就上升。人呼吸到的几乎全是新鲜空气,人呼出的气体向上排走,再呼吸新鲜的空气。这与传统的靠风机将新风吹到房间里与既有空气混合、对流、循环的方式有明显不同。

(2)干式厨卫设计

传统住宅的厨房、卫生间一般均设地漏,往往成为藏污纳垢的地方,是蟑螂、蚊虫孳生之地。如果一段时间不用,反水弯里的水封干涸或被排水管中的负压所破坏,就成了臭气的出气孔,不仅带来异味,还会将有害气体或病菌带出,从而影响居住者的身体健康。锋尚地产的项目不设地漏,选择的座便、洗脸盆均为深反水弯配置,采用干式厨卫,对给水排水管线和安装的质量要求就更高,要保证长期不易发生跑、冒、滴、漏等问题。

(3)给排水系统与建筑同寿命

锋尚地产的项目采用瑞士 GF 的聚丁烯(PB)管给水系统,无毒、不易老化,其国际合格标准为在 70℃水温、10^6Pa 压力下可以连续使用 50 年,在通常低于此条件下的住宅项目上,可以达到与建筑同寿命的要求。该系统采用热熔连接,密封性好,无漏水的可能,也就减少被污染的可能。

HDPE 同层排水系统采用瑞士 GEBERIT 高密度聚乙烯管路系统,具有隔声性能好、密封性能好、水阻小等优点,还具有良好的排气性能,支管与干管的连接方式独特,能减少支管的负压,不易破坏反水弯的水封。该系统为同层排水方式,无支管或反水弯穿过楼板到下一层住户家里,避免了上层污物通过管线泄漏传到下一层,减少疾病的传播可能。而传统的排水系统因需穿过楼板,漏水的可能性大,所以一旦泄漏将会影响下层住户的健康。

(4)垃圾处理系统

越来越多的人认识到集合式住宅设垃圾道和垃圾简单袋装化并不是最佳处理方法,因为不能有效密闭处理及避免不了二次搬运带来对环境的污染问题,锋尚地产的项目采用的分类处理方法比较有效地解决了这个问题。

食物垃圾处理器的配备,解决了最易污染环境、传播疾病的食物类垃圾处理问题,而且省心省力、密闭性好。

中央吸尘系统不仅可以清除家中的细小毛发、粉尘类垃圾,保障室内的清洁,也因可产生数倍于普通家用吸尘器的吸力,因而可以将一些吸附于地毯和家具、器物上的病菌吸走,减少人们被感染疾病的可能,具有独特的优势。

锋尚地产还在其他方面,如住区63%绿化率,来改善小区内部空气质量,设置游泳池等大量体育健身等设施。下面以南京锋尚国际公寓为例,来说明锋尚地产项目的设计要点。

1. 设计的总体思路

通过规划布局,创造好的自然通风条件;通过设有流动空气层的干挂幕墙、外窗设遮阳设施、使用隔热铝合金门窗、安装 Low-E 玻璃等技术提高建筑物围护结构的保温隔热性能以降低夏季制冷负荷;通过选择高效节能的采暖制冷系统,降低使用能耗和提高舒适度;通过玻璃采光天井等建筑方法给地下空间提供自然通风与采光,减少建筑物对电能的消耗。利用太阳能光伏发电、地源热泵直供等可再生能源技术,为建筑物补充采暖制冷系统所需的微能耗,达到夏季不用电力等传统化石能源进行制冷的目的,实现"零能耗"。

2. 设计方案的九个要点

外墙外保温、开放式幕墙研究、窗洞口节点保温、外遮阳设施选择与安装、顶板辐射采暖制冷与系统运行、毛细管设计与安装、太阳能并网发电、地源热泵直供、置换式新风、中央吸尘等设计方案。

①项目建筑外墙采用外墙外保温开放式干挂石材幕墙,外墙总设计厚度为360mm,其中保温层厚度为100mm,保温层与外饰面之间设有流动空气间层,幕墙体系具有良好的保温性能、隔热性能,并且能够及时有效地排放建筑物的湿气,防止墙体发霉(如图4-10所示)。

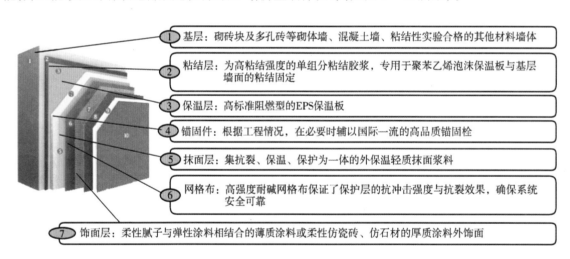

图4-10 外墙外保温结构示意图

②室外门窗选用断热铝合金型材,玻璃采用 Low-E 玻璃,能防止室内热量散失和门窗玻璃结露。

③全部外窗装有铝合金电动遮阳卷帘,遮挡太阳辐射热,防止夏季过多热量摄入室内,同时安装了遮阳卷帘的房屋私密性、安全感比普通住宅更好。

④选择毛细管顶棚辐射(见图4-11)方式进行房间内采暖制冷,在结构楼板下部敷设毛细管路,水作为热量的媒介在毛细管中循环给室内带来冷量和热量的采暖制冷方式,同北京锋尚地产项目采用的埋设在楼板内的 PB 管方式一样,室内看不到任何采暖制冷设施的末端,室内温度分布均匀,没有噪声和吹风感。

⑤房间内地板上设有送风口,卫生间设排风口,各房间通过门上方预留的消音通风口以平衡和保证各房间的风量,采用置换式新风系统(见图4-12),冬、夏季24小时送新风,新风机房设于楼座地下。新风送入室内前要经过净化、调节湿度、预热(冷),可以使室内空气品质得到提升,并

图4-11　毛细管顶棚辐射

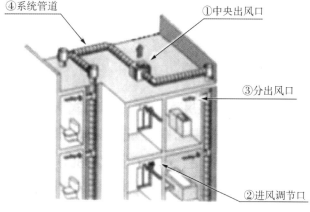

图4-12　置换式新风系统

且能带走室内家具装修等散发出来的有害物质,保障人们的健康。

⑥小区设地源热泵机房,通过打井的方式从地下的土壤中取得冷、热量,经过系统热泵机组提供给建筑物进行采暖制冷(夏季制冷直供)。小区内没有锅炉房、冷却塔、空调室外机等,不会向环境中排放 CO_2、SO_2、噪声,可能被污染的水汽等影响室外的环境质量。

⑦采暖制冷系统所需的动力由太阳能光伏发电系统提供。公寓和别墅的屋面设计为坡屋顶,根据南京地区日照角度设计为37°,以供太阳能光电板最大效率的发电。

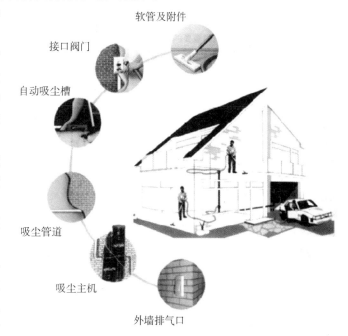

图4-13　中央吸尘系统示意图

⑧地下设中央吸尘系统机房,管路在土建施工时预埋,每户留有吸尘器末端插口。可避免普通家用吸尘器的二次扬尘和噪声污染,保证室内空气品质和健康。

⑨对客户在户型、空间、安全、私密、健康、节约、环保、节省时间、社交、时尚、艺术、文化等需求综合分析,确定小区合理的规划与布局。

4.8　中鹰置业绿色建筑项目技术措施

中鹰置业项目均位于上海,主要包括路易凯旋宫、凯旋华庭、中鹰黑森林等,中鹰置业在绿色建筑技术方面做的尝试主要有以下几个方面:

1. 智能总线系统

把家里所有的电器控制系统集成到总线,实现随心控制,全面提升生活品质。

2. 毛细管辐射冷暖系统

毛细管网作为供热制冷末端系统,水作媒质,高效节能(毛细管网与中央冰蓄冷、中央电加热结合使用可以达到节能),高舒适度(安静、无风感、无气流感、无噪音),绿色环保,不产生废气废水,可循环使用,增设能量回收器,节省空间,布置灵活,安装方便,不会破坏建筑外观,安装完成后几乎不用维修。

3. 置换式新风系统

置换式新风下送上回,在房间内形成了一层过滤除尘、加湿除菌的新鲜空气,保证每小时供应新鲜空气量。

4. 空气调湿系统

系统通过新风系统及中能源系统来进行先进的湿度处理,无霉菌滋生条件下,将室内湿度保持在30%～70%之间,精确的湿度处理。

图4-14 毛细管辐射系统图片

5. 中央冰蓄冷系统

中央冰蓄冷系统,移峰填谷,使用电力非峰值区的低电价制冰,然后白天再使用冰作为冷源制冷,节省运行费用。

6. 外墙外保温系统

采用10cm超厚岩棉,隔音效果强,保证室外音小于50dB,同时不可燃,安全性高;防开裂,不渗水;透气性强、防霉防菌。它更是传统材料保温效果的3倍。

7. 墙体砌块系统

德国建筑科技,专用砖块,预制尺寸精确的槽口,采用专用绿色黏合材料,达到无缝契合效果,吸音隔音,隔热保温,环保质轻。抗渗性、抗冲击性强,不开裂,寿命更长。

图4-15 蓄冰系统主机房

8. 铝窗及中空保温系统

断桥铝合金窗,双层中空Low-E玻璃,内充惰性气体,断热、保温、防雨、超高隔音性能。既不影响室内的日照和采光,又可防止能量外泄。

9. 户外轴帘系统

双层铝板滚压成型,中间填充绝热发泡材料,能起到保温、隔音、遮阳、防盗等作用。通过智能场景控制,使用方便,开关时噪音小,经久耐用。

10. 屋顶系统

采用多达11层的屋顶生态科技,屋顶绿色,免维护。消除了"水泥森林"热岛效应,降低粉尘和噪音污染,促进了气候循环,为动植物提供栖息地。

11. 同层排水系统

水管无须经过邻居家天顶,实现真正的

图4-16 屋顶绿化

产权独立。卫生设备和空间灵活配置,无卫生死角,无噪音。双冲面板,即冲即停,节水节能。隐蔽水箱免维护。

12. 屋面排水

引用德国屋面排水系统,虹吸式主动排水,无需坡度,排水迅速;排水管道自洁,耐腐蚀,无热变。

13. 非传统水源利用

制定相应的污水、雨水处理方案,减少污水排放量、对雨水实行收集及回收利用,实现水资源的可持续发展和利用。

14. 地暖系统

采用低温节能热水辐射地暖,供暖方式均匀,无噪音、环保,免维护四层交联无缝聚乙烯管。供暖方式符合人体脉络学,有益人体。

地暖的管道系统共14层工艺,内交叉铺设了多达5层的保温隔热板,免维护,材料绿色环保,加铺防潮垫,并采用德国优质环保地板。

图 4 - 17　地暖系统管道图片　　　　　　　　图 4 - 18　房间地暖系统示意图

15. 食物垃圾处理系统

引进德国高科技的食物垃圾处理系统,让厨房卫生更轻松、实用、方便,倡导生活的环保健康理念。

图 4 - 19　食物垃圾处理系统

16. 健康墙纸系统

采用德国环保墙纸系统,纯绿色环保材料制成,吸音性强,可多次修复,可擦洗,可反复涂刷。吸潮、防霉、透气,保证了涂刷无异味,空气更清新。

4.9　总结分析

通过对万科、招商、中海、绿地、朗诗、当代节能、锋尚、中鹰置业等地产商开发的绿色建筑项目技术资料的研究,可以发现,绿色居住建筑基本分为 2 种类型。

（1）通常的绿色建筑

通过对万科、招商、中海、绿地等地产商开发的绿色建筑项目的研究,各个单位虽然在技术选用、具体做法之间存在差别,但大家绿色建筑的理念是一致的,这种类型的绿色住宅建筑为满足标准条文中六大项内容的要求,采用相应的节地、节能、节水、节材技术,获得健康舒适的室内外环境。这种理念开发的住宅,绿色增量成本较低,主要通过优化设计、施工等过程来实现四节一环保的理念。

（2）绿色科技住宅

通过对朗诗、当代节能、锋尚、中鹰置业等地产商开发的绿色建筑项目的研究,这几个单位的绿色建筑的理念基本是一致的,也就是开发所谓"恒温、恒湿、恒氧"的住宅。通常都是利用地源热泵作为冷热源,通过在楼板内埋管使冷/热水在馆内流动,利用冷/热辐射给室内采暖/制冷,另外通过中央新风机组将处理后的新风送至房间内部;外窗上设置外遮阳等一系列的被动手段达到舒适、节能的目的。

此种类型的住宅较少使用被动式技术,通过使用一系列的主动式设备等,来满足标准的要求。此类型绿色技术的缺陷是增量成本巨大,并且住宅中使用中央空调系统,能耗较分体式空调高,每个住户不能根据自己的要求调节室内温度。

在华南地区,全年供冷、采热量不能平衡,不适宜采用地源热泵技术,全年湿度较大,也不适宜辐射供冷等技术。因此在华南地区,不建议使用此类型绿色建筑所采用的绿色技术措施。

第5章 绿色居住建筑成本统计分析

通过中国建筑科学研究院对 2008 年至 2011 年 3 月的全国 100 余个绿色建筑项目增量成本资料统计的结果,绘制成图 5 - 1、图 5 - 2。

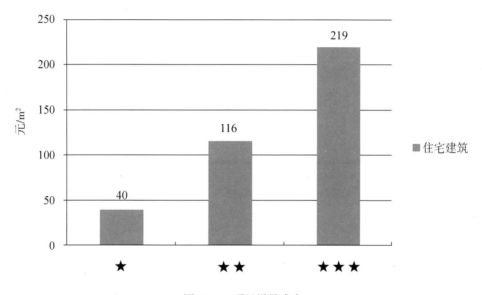

图 5 - 1 项目增量成本

随着星级提高,其整体单位面积增加成本值有较大增加,一、二、三星级分别为 40 元/m²、116 元/m²、219 元/m²。

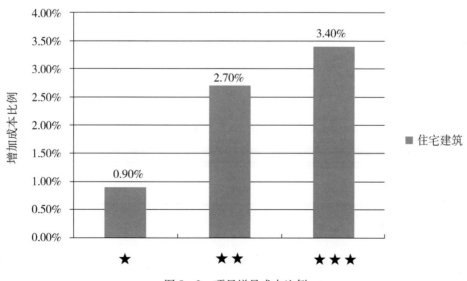

图 5 - 2 项目增量成本比例

随着星级提高,其整体单位面积增量成本比例也有较大增加,一、二、三星级分别为 0.9%、2.7%、3.4%。

根据中国建筑科学研究院绿色与生态建筑发展研究中心孙大明主任的介绍,有些绿色技术措施已经在相关规范中有要求,因此这些技术措施是不需计入增量成本的(表5-1)。

表5-1 不计入增量成本的技术措施

技术措施		对应标准规范
节地与室外环境	场址规划、公建配套、日照模拟及绿化	《GB 50180—1993 城市居住区规划设计规范》 《城市绿化条例》(1992年国务院100号令)
	建筑噪声、施工控制	《GB 3096—2008 城市区域环境噪声标准》 《GB 8978—2002 污水综合排放标准》 《GB 12523—2001 建筑施工场界噪声限值》
节能与能源利用	满足强制要求的围护结构节能设计	国家及地方居住建筑节能标准 《GB 50189—2005 公共建筑节能设计标准》
	空调、采暖、通风常规设备	《GB 50189—2005 公共建筑节能设计标准》 《GB19577—2004 冷水机组能效限定值及能源效率等级》 《GB 19576—2004 单元式空气调节机能效限定值及能源效率等级》
	室内照明	《GB 50034—2004 建筑照明设计标准》
节水与水资源利用	绿化、洗车等用水采用非传统水源	
	给排水设计	《GB 50015—2003 建筑给排水设计规范》
节材与材料资源利用	环保装饰材料	《GB 18580～GB 18588 建筑材料有害物质限量的标准》
室内环境质量	室内采光分析	《GB/T 50033—2001 建筑采光设计标准》
	室内隔声设计	《GBJ 118—2010 民用建筑隔声设计规范》
	室内空气品质	《GB 50325—2010 民用建筑室内环境污染控制规范》
	防结露措施	《GB 50176—1993 民用建筑热工设计规范》
运营管理	安保与智能化	《CJ/T 174—2003 居住区智能化系统配置与技术要求》 《GB/T 50314—2006 智能建筑设计标准》

笔者共收集到31个绿色住宅建筑的成本增量样本,其中有8个一星级住宅建筑、9个二星级住宅建筑、14个三星级住宅建筑,下面对这些样本进行总结和分析说明。

5.1 一星级绿色居住建筑增量成本

5.1.1 一星级居住建筑增量成本

笔者统计了部分已获得设计一星级标识的居住建筑增量成本,包括厦门、深圳、合肥、宁波、武汉等城市8个居住建筑项目,包括厦门国际蓝湾、光明新区同富裕第二期安居工程、光明集团保障性住房、光明办事处保障性住房、光明办事处保障性住房、新羌广深客运专线(光明段)拆迁安置房、绿地合肥新里海顿公馆、宁波江北区湾头城中村改造安置用房。

增量成本最低的是光明办事处保障性住房项目,仅为20.4元/m²,最高的是厦门国际蓝湾为60.7元/m²,平均增量成本为36.4元/m²。由此可知,对各个不同项目之间的增量成本分布作比较评价,相差较小。各个项目具体增量成本见表5-2和图5-3。

表 5 - 2　一星级居住建筑增量成本

编号	项目名称	项目地点	项目类型	建筑面积（m²）	建设目标	增量成本（元/m²）
1	厦门国际蓝湾	厦门	居住	199622.01	一星级	60.7
2	光明新区同富裕第二期安居工程	深圳	居住	150330	一星级	39.5
3	光明集团保障性住房	深圳	居住	108750.78	一星级	37.3
4	光明办事处保障性住房	深圳	居住	78540.5	一星级	20.4
5	光明办事处保障性住房	深圳	居住	68470.99	一星级	34.6
6	新羌广深客运专线（光明段）拆迁安置房	深圳	居住	38263.1	一星级	28
7	绿地合肥新里海顿公馆	合肥	居住	41000	一星级	41
8	宁波江北区湾头城中村改造安置用房	宁波	居住	304000	一星级	30
平均						36.4

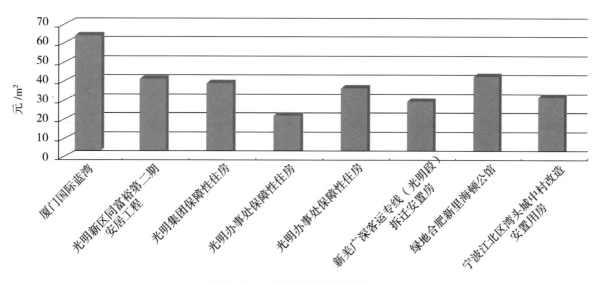

图 5 - 3　一星级居住建筑增量成本

根据万科工作人员介绍,据他们的项目经验,万科开发的一星级绿色建筑是不需增量成本的。

5.1.2　一星级居住建筑低成本技术案例分析

翡翠绿洲花园(图 5 - 4)项目坐落在清远市区北江一路,地理位置优越,共分为 7 栋,其中 1#楼为连排多层住宅,每户含地下室,共 4～5 层;2#楼为四梯八户,外走廊叠式住宅;3#、4#楼为平层,两梯四户;5#、6#、7#楼为叠式加错层南北通风,整个小区共有住宅 299 套,两层地下室,共有 450 个停车位,人车分流,小区配套 680 m² 泳池,2000 多 m² 会所,16000 多 m² 园林绿化。工程总投资约 3200 万元,用地面积为 2.10 万 m²,建筑面积为 11.61 万 m²。结构形式为框架剪力墙结构。本项目已于 2010 年 9 月 13 日获得中国住房和城乡建设部颁发的"一星级绿色建筑设计标识证书"。

图 5 - 4   翡翠绿洲花园效果图

本项目主要围绕以下关键目标及指标展开:

1. 建筑节能目标

围护结构系统采用高标准设计,合理利用自然通风、智能控制等措施降低建筑能耗。经过认真计算、研讨,精心设计,本项目节能率达到了 52.7%。

2. 雨水处理回用系统

雨水集中回收,用于社区绿化清洁。人工湖达到地表水质标准。非传统水源利用率达到 5.40%。

3. 智能控制系统

楼宇自控系统主要针对小区内主要运行设备,建立统一的监控管理系统,进行集中管理和监控。

该项目的具体绿色建筑特征见表 5 - 3。

表 5 - 3   翡翠绿洲绿色建筑特征

项目	子项	特　　征
节地与室外环境		①项目选址区域地形为平原地带,地势相对比较开阔,原为空地 ②本项目绿化种植乡土植物,且配置的植物种类丰富,结合乔木、灌木、花灌木错落布置,形成复层绿化 ③住区的绿地率达 33.3% ④人均公共绿地面积 3.97m²,人均用地面积 12.2m²/人,室外透水地面面积比为 45.67%

续表 5 - 3

项目	子项	特　征
节能与能源利用	建筑主体	①建筑外墙采用水泥砂浆(20mm) + 聚苯颗粒保温浆料(20mm) + 加气混凝土砌块(200mm) + 水泥砂浆(20mm) ②外窗采用断热型铝合金框及 5 +9 +3 中空双层 Low-E 玻璃,传热系数 2.07W/(m² · K) ③楼宇群落整体使用绿色节能涂料,无毒无味,隔热防潮
	照明节能	①公共部位采用节能灯。选用高效节能灯具,支架灯、灯盘采用稀土三基色 T5 或 T8 直管荧光灯(选用电子镇流器,T8 也可采用节能型电感镇流器)。吸顶灯、筒灯采用紧凑型电子荧光灯。悬挂灯、投光灯采用就地补偿金属卤化物灯 ②照明控制方式。车库、大空间场所采用照明箱控制;大堂、门厅等处就地设置照明开关控制;电梯厅、走廊、楼梯间等公共部位的照明采用自熄式节能开关控制
节水与水资源利用		对场地雨水进行综合收集,处理后用于景观补水、绿化浇灌及道路冲洗。全年雨水使用量为 7393.7m³,非传统水源利用率达到 5.4% 。选用节水型卫生洁具,公共卫生间选用非触摸型洁具,符合现行行业标准《节水型生活用水洁具》以及《GB T 18870—2002 节水型产品技术条件与管理通则》的有关规定
节材与材料资源利用		①主体结构采用钢框架结构体系,现浇混凝土全部采用预拌混凝土,不但能够控制工程施工质量、减少施工现场噪声和粉尘污染,并节约能源、资源,减少材料损耗。同时严格控制混凝土外加剂有害物质含量,避免建筑材料中有害物质对人体健康造成损害,以达到绿色环保的要求 ②施工单位制订了建筑施工废弃物的管理计划,将金属废料、设备包装等折价处理,将密目网、模板等再循环利用,将施工和场地清理时产生的木材、钢材、铝合金、门窗玻璃等固体废弃物分类处理并将其中可再利用材料、可再循环材料回收
室内环境质量	日照与采光	①每套住宅至少有 2 个居住空间满足日照标准的要求 ②建筑的卧室、起居室、厨房,其窗地面积比不小于规范中的 1/7
	通风与隔热	①房间最小通风开口面积不小于该房间地板面积的 8% ②在自然通风条件下,围护结构内表面最高温度:房间的屋顶内表面最高温度为 34.95℃;东外墙的内表面最高温度为 34.34℃(2#楼)、34.46℃(3# ~ 7#);西外墙的内表面最高温度为 34.13℃(2#楼)、34.79℃(3#、4#楼)、34.24℃(5# ~ 7#楼)
	隔声措施	①本项目 2#楼北侧卧室距北江一路道路红线 30m,北侧大面积种植绿化隔离带,起到隔声减噪作用 ②建筑外墙采用水泥砂浆(20mm) + 聚苯颗粒保温浆料(20mm) + 加气混凝土砌块(200mm) + 水泥砂浆(20mm),外墙的空气声计权隔声量达48dB 以上 ③外窗采用断热型铝合金框及 5 +9 +3 中空双层 Low-E 玻璃,计权空气声隔声量达 30.5dB,对低频噪声的隔声量也在 24dB 以上。由于噪声来源在建筑北侧,经分析,北侧卧室的室内背景噪声满足昼间不高于 45dB,夜间不高于 35dB 的要求 ④室内装修时将在起居室、卧室、餐厅的楼板上再铺设实木复合地板,楼板撞击声可控制在 63dB 以下
运营管理		①结合建筑弱电调试,制定楼宇运行管理手册,明确节能、节水与绿化管理制度 ②对建筑运营和工作人员进行有效管理教育,实现楼宇高效运行 ③采用先进的智能化系统

4. 总结分析

经过分析,综合来讲该项目主要是通过精细化设计达到国标的相关要求,采用的绿色建筑技术使用效果好,增量成本低;缺点是外窗使用了断热铝合金框及 5 +9 +3 双层中空 Low-E 玻璃,华南地区一般较少采用断热铝合金窗框,价格相对较贵,在设计初期应仔细考虑是否有必要采用此种类型外窗。

一星级绿色建筑增量成本主要发生在节水环节,一般项要求满足 3 项,需要对雨水进行收集和利用,这样才能符号国标要求。不过每个项目都有各自的特点,是否会产生增量成本以及成本的多少均与项目自身条件有关。

5.2 二星级绿色居住建筑增量成本

5.2.1 二星级居住建筑增量成本

笔者统计了部分已获得设计二星级标识的居住建筑的增量成本,包括北京、天津、重庆、广州、上海、南宁、新疆等城市 9 个居住建筑项目,包括仁恒海河广场一期工程、万科朗润园、新疆库尔勒住宅项目、西部明珠、华源博瑞、蓝海庭、万科府前花园 A 组团、大屯路 224 号住宅、南宁裕丰·英伦项目。增量成本最低的是广州的万科府前花园 A 组团项目,仅为 31 元/ m² ,最高的是北京的大屯路 224 号住宅项目,为 230 元/ m² ,平均增量成本为 154 元/ m² 。由此可知,各个不同项目之间的增量成本相差较大,最高和最低之间可相差 7 倍。各个项目具体增量成本见表 5 - 4 和图 5 - 5。

表 5 - 4 二星级居住建筑增量成本

编号	项目名称	项目地点	增量成本(元/m²)
1	仁恒海河广场一期工程	天津	216
2	万科朗润园	重庆	191
3	新疆库尔勒住宅项目	新疆	151
4	西部明珠	新疆	183
5	华源博瑞	乌鲁木齐	79
6	蓝海庭	上海	150
7	万科府前花园 A 组团	广州	31
8	大屯路 224 号住宅	北京	230
9	南宁裕丰·英伦	南宁	151
平均			154

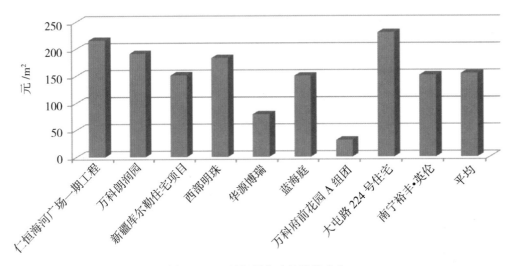

图 5 - 5 二星级居住建筑增量成本

5.2.2　二星级居住建筑增量成本案例分析

1. 二星级绿色居住建筑参考案例——万科府前花园项目

（1）项目概况及技术介绍

万科府前花园为住宅项目,共建有 10 栋高层住宅项目,总用地面积为 10304 m^2,总建筑面积为 42471m^2,其中,地上建筑面积为 36565 m^2,地下建筑面积为 5906 m^2。项目效果图见图 5-6。

图 5-6　万科府前花园项目效果图

本项目住区绿地率为 32.3%,建筑节能率为 53.3%,非传统水源利用率可达到 7.3%,并于 2010 年 11 月通过了国家绿色建筑设计标识二星级认证。

该项目采用了节能照明、雨水回用系统、微喷灌喷节水灌溉设施、电梯管井隔声、土建装修一体化设计等绿色技术措施。其中,土壤氡检测费用成本为 3 万元;节能照明费用成本为 10 万元;透水地面费用成本为 10 万元;微喷灌喷节水灌溉费用成本为 4 万元;电梯管井隔声费用成本为 40 万元,雨水回用系统费用成本为 35 万元。考虑 10% 不可预计成本,总增量成本为 112.2 万元,单位建筑面积增量成本约为 30.7 元/m^2。本项目的绿色技术和产品增量成本比率如图 5-7 所示。将各项绿色技术和产品按绿色建筑的一级指标进行归类,增量成本情况如图 5-8 所示。绿色技术的增量成本见表 5-5(资料来源:中国城市科学研究会主编:"绿色建筑 2011")。

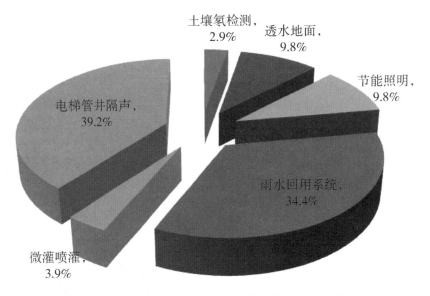

图 5-7　万科府前花园各绿色技术增量成本比例

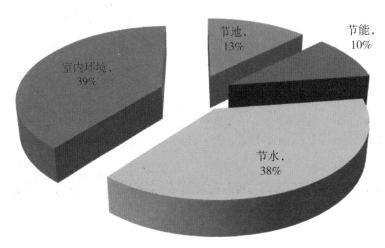

图 5-8　各级指标增量成本比例

表 5-5　万科府前花园增量成本

技术措施	成本(万元)	比例	单位面积增量成本(元/m²)
土壤氡检测	3	2.9%	0.82
透水地面	10	9.8%	2.73
节能照明	10	9.8%	2.73
雨水回用系统	35	34.3%	9.57
微灌喷灌	4	3.9%	1.09
电梯管井隔声	40	39.2%	10.94
其他	10.2		2.79
总计	112.2		30.67

从图 5-8、表 5-5 可以看出,本项目室内环境与节水引起的绿色建筑增量成本最大,分别占到 39% 与 38%,节地与节能占增量成本的比率相对较小,分别占 13% 和 10%。

另外值得一提的是,本项目所在的广州南沙 08NJY-1 地块原为采石场废弃地,现属于住宅建设用地,因此该项目先天优势满足了优选项 4.1.18 条的要求,从而减少了一项由于满足优选项而增加的成本。

（2）小结

本项目为平民生态住宅建筑,设计立足于广州本地气候特点,重点应用遮阳、通风等被动式的建筑节能技术;项目所有户型均采用了土建装修一体化设计,降低住宅建设与使用过程中的材料消耗,同时为提高居室声、光、热等物理环境的舒适性,项目有针对性地进行了通风、采光、日照模拟优化设计,并对外围护结构、管井隔声、楼板做法等实用措施进行完善;在室外空间设置雨水收集系统,利用人工湖蓄积场地雨水,通过人工湿地处理后用于室外绿化浇洒、道路冲洗、地下室冲洗等,辅以微喷灌喷节水灌溉方式,同时全部采用节水器具,达到水资源集约利用的目的。

综上所述,本项目用实际行动实践着广州地区低成本、可复制的绿色住区开发模式,是值得在华南地区普及、推广采用的绿色建筑技术。

2. 二星级绿色居住建筑参考案例——南宁裕丰·英伦

（1）建筑概况及技术介绍

图 5-9　南宁裕丰·英伦效果图

该项目为纯住宅小区,位于广西南宁市青秀区佛子岭路 10 号,小区由 9 栋 18 层的高层住宅及 4 栋多层住宅构成,总户数为 1251 户。采用框架及框架剪力墙结构,建筑容积率 2.0,绿地率 41.5%,人均用地面积 15.06m^2,人均绿地面积 3.645m^2。设计充分利用原地形,采用退台式分布,形成大围合中心景观布局。周边学校、医疗、公园等市政设施较为完善,各类金融、餐饮、娱乐、零售等业态商业网点齐备,片区品质居住氛围日益成熟。本项目已于 2011 年获得中国住房和城乡建设部颁发的"二星级绿色建筑设计标识证书"。项目效果图见图 5-9。

该项目主要采用了加气混凝土砌块、中空玻璃内置可调百叶窗、透水地面、节水龙头、节水坐便器、楼层通透小区道路照明节能灯、太阳能灯具、太阳能热水器、空气能源泵热水器、再生能源电梯、人工湿地污水处理技术、微型喷灌系统、垃圾处理机、一键关闭、东西向剪力墙保温隔热砂泵、智能化系统等绿色技术。项目的绿色建筑增量成本为 151.3 元/m^2,其中增量成本较大的技术有中空玻璃内置可调百叶窗(42.51 元/m^2)、空气能源泵热水器(32.36 元/m^2)和智能化系统(34.27 元/m^2);增量成本较小的绿色技术有节水龙头(0.24 元/m^2)、太阳能灯具(0.09 元/m^2)等技术。各绿色技术增量成本比例见图 5-10。

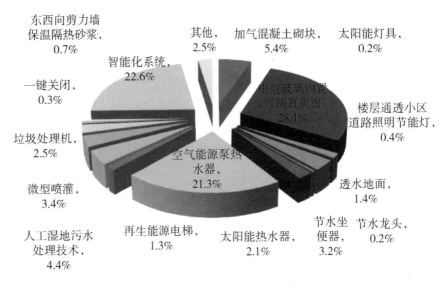

图 5-10　南宁裕丰·英伦各绿色技术增量成本比例

绿色技术的增量成本见表 5-6(资料来源:《绿色建筑住宅小区的建造成本增量控制分析》建筑科学 2009.04)。

表 5-6　南宁裕丰·英伦绿色技术增量成本

技术措施	单价	比常用技术增量成本(元)	工程量	总增量成本(元/m²)	平均增量(元/m²)
加气混凝土砌块	58.9 元/m²	32.68	33000m²	1078440	8.21
中空玻璃内置可调百叶窗	1050 元/个	830	6726 个	5582580	42.51
透水地面	60 元/m²	25	10950m²	273750	2.08
节水龙头	55 元/个	25	1271 个	31775	0.24
节水坐便器	500 元/个	500	1271 个	635500	4.84
楼层通透小区道路照明节能灯	55 元/个	40	1872 个	74880	0.57
太阳能灯具	1000 元/个	1000	12 个	12000	0.09
太阳能热水器	5000 元/户	5000	84 户	420000	3.20
空气能源泵热水器	6000 元/个	6000	706 个	4236000	32.26
再生能源电梯	301000 元/台	6000	44 台	264000	2.01
人工湿地污水处理技术	880000 元/个	880000	1 个	880000	6.70
微型喷灌系统	25 元/m²	25	27375m²	684375	5.21
垃圾处理机	250000 元/个	250000	2 个	500000	3.81
一键关闭	50 元/户	50	1271 户	63550	0.48
东西向剪力墙保温隔热砂浆	58 元/m²	45	2975m²	133875	1.02
智能化系统				4500000	34.27
其他				500000	3.81
合计				19870725	151.31

（2）总结

经过分析,达到二星级标准时,室内环境项需满足 3 条一般项,对于广西地区,标准条文中 4.5.7 条不参评,因此只需满足 2 条即可,4.5.6 条及 4.5.8 条能够满足且无需增加成本,而 4.5.10 条可以不用满足,其已达到二星级标准要求了。因此如果合理选择绿色技术措施,中空玻璃内置可调百叶窗(42.51 元/ m^2)这项费用是可不发生的。此外规范里已经要求东、西外墙内表面的最高温度满足《民用建筑热工规范》的要求,因此东、西向剪力墙保温隔热砂浆(1.02 元/ m^2)这项费用也是可不发生的。

在国家标准中,运营管理在设计标识要求满足一项即可达到二星级,4.6.11 条已经满足,则无需满足 4.6.6 条即安装智能化系统、一键关闭等,如只是为了提高项目的品质而设置智能化系统等,则增加的建筑成本不应计算到绿色建筑增量成本中,因此智能化系统(34.27 元/ m^2)、一键关闭(0.48 元/ m^2)这 2 项费用是可不发生的。同样的道理,节水龙头(0.24 元/ m^2)、节水坐便器(0.48 元/ m^2)、太阳能灯具(0.09 元/ m^2)、再生能源电梯(2 元/ m^2)这几项费用是可不发生的。

经过以上的分析总结,本项目绿色技术的合理增量成本最多为 65.9 元/ m^2,如表 5-7 所示。

表 5-7　南宁裕丰·英伦绿色技术合理增量成本

技术措施	单价	比常用技术增量成本(元)	工程量	总增量成本（元/ m^2)	平均增量（元/ m^2)
加气混凝土砌块	58.9 元/ m^2	32.68	33000m^2	1078440	8.21
透水地面	60 元/m^2	25	10950m^2	273750	2.08
楼层通透小区道路照明节能灯	55 元/个	40	1872 个	74880	0.57
太阳能热水器	5000 元/户	5000	84 户	420000	3.20
空气能源泵热水器	6000 元/个	6000	706 个	4236000	32.26
人工湿地污水处理技术	880000 元/个	880000	1 个	880000	6.70
微型喷灌系统	25 元/m^2	25	27375m^2	684375	5.21
垃圾处理机	250000 元/个	250000	2 个	500000	3.81
其他				500000	3.81
合计				8647445	65.85

经过分析调整过后,本项目的绿色技术和产品增量成本比率如图 5-11 所示。

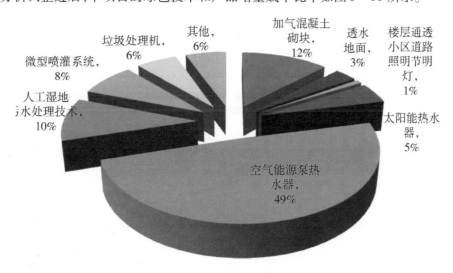

图 5-11　南宁裕丰·英伦各绿色技术增量成本调整后比例

将各项绿色技术和产品按绿色建筑的一级指标进行归类,增量成本情况如图 5-12 所示。

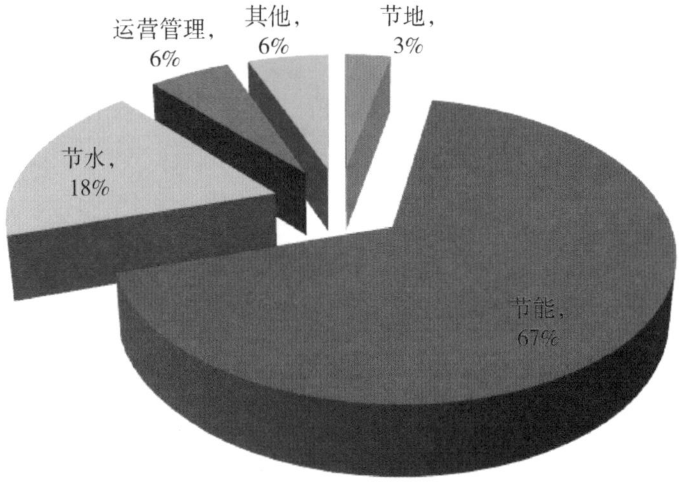

图 5-12　各级指标增量成本比例

从图 5-12 可以看出,本项目节能与节水引起的绿色建筑增量成本最大,分别占到 67% 与 18%,节地与运营管理占增量成本的比率相对较小,分别占 3% 和 6%。

5.3　三星级绿色居住建筑增量成本

5.3.1　三星级居住建筑增量成本

笔者统计了部分已获得设计三星级标识的居住建筑的增量成本,包括北京、天津、成都、苏州、上海、珠海、武汉等城市 14 个居住建筑项目,包括万科城新花园(一期)、万科城新花园(三期)、绿地合肥新里海顿公馆 B-3#、绿地西安项目住宅(海珀兰轩)、深圳万科城四期、万科珠海宾馆改造项目、万科天津生态城项目、万科长阳半岛、万科苏州玲珑湾、万科高尔夫花园、万科苏南金域堤香、万科五龙山、万科苏南长风住宅、万科天津滨海时尚项目。

增量成本最低的是万科天津滨海时尚项目,仅为 34.5 元/m²,最高的是绿地合肥新里海顿公馆 B-3#为 448 元/m²,平均增量成本为 168 元/m²。由此可知,各个不同项目之间的增量成本相差较大,最高和最低之间可相差 12 倍之多。各个项目具体增量成本见表 5-8 和图 5-13。

表 5-8　三星级居住建筑增量成本

编号	项目名称	项目地点	项目类型	建筑面积（m²）	建设目标	增量成本（元/m²）
1	万科城新花园(一期)	上海	居住	199622.01	三星级	418
2	绿地合肥新里海顿公馆 B-3#	合肥	居住	597150	三星级	448
3	绿地西安项目住宅(海珀兰轩)	西安	居住	260000	三星级	245
4	深圳万科城四期	深圳	居住	126000	三星级	245
5	万科珠海宾馆改造项目	珠海	居住	112749	三星级	80
6	万科天津生态城项目	天津	居住	126000	三星级	144.5
7	万科长阳半岛	北京	居住	374487	三星级	135.5
8	万科苏州玲珑湾	苏州	居住	850000	三星级	115
9	万科城新花园(三期)	上海	居住	240000	三星级	135

续表 5 - 8

编号	项目名称	项目地点	项目类型	建筑面积（m²）	建设目标	增量成本（元/m²）
10	万科高尔夫花园	武汉	居住	600000	三星级	114.5
11	万科苏南金域堤香	苏州	居住	122097	三星级	80
12	万科五龙山	成都	居住	—	三星级	80
13	万科苏南长风住宅	苏州	居住	72050	三星级	78
14	万科天津滨海时尚项目	天津	居住	320000	三星级	34.5
平均						168

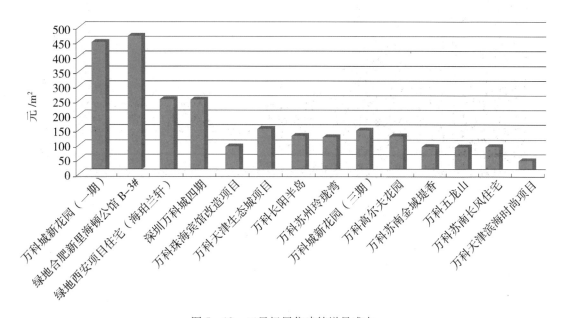

图 5 - 13　三星级居住建筑增量成本

5.3.2　三星级居住建筑增量成本案例分析

1. 三星级绿色居住建筑参考案例——中粮万科长阳半岛项目

（1）项目概况及技术介绍

该项目位于房山区长阳镇起步区 1#地,用地东侧为商业用地和学校用地,用地北侧为京良公路,用地西侧规划为军张路,现状为长阳体育公园,用地南侧为居住用地。场地内地势基本平坦。1#地分为 03#、04#、10#、11#地,总用地面积 154076m²,容积率 2.17。总建筑面积 374487m²,其中地上住宅总面积 325748m²,附属配套面积 8860m²,地下面积 39879m²。项目效果图见图 5 - 14。

项目将 21 层、28 层布置在小区最北侧,将 18 层沿地块东侧或西侧设置,组团内部主要为 9 层板楼和 5 层东西向板楼围合成小组团空间。南北向板式住宅的日照间距为 1:1.7,南北向塔式住宅的日照间距为 1:1.2。停车采用地上及地下停车相结合的方式。各楼住宅建筑形态主要为南北向板式,1 梯 2 户的单元式住宅楼。住宅首层设入口大堂;二层以上全部为住宅,工业化楼层高为 2.9m,其余均为 2.8m。配套用房主要设置在沿街住宅首层和沿街单建。

长阳镇起步区 1#地项目绿色建筑总体目标是在建筑的全寿命周期内,最大限度地节约资源、保护环境和减少污染,为业主提供健康、适用和高效的居住环境。项目要达到的绿色建筑具体目标是:达到《GB T50378—2006 绿色建筑评价标准》规定的三星级的要求,获得绿色建筑三星级的标识。

本项目绿色建筑的主要分项目标有:

图 5 – 14　长阳半岛项目效果图

①外围护结构节能率 ≥ 72%；

②绿化率 ≥ 30%；

③透水地面面积比 ≥ 45%；

④太阳能热水用户使用率 ≥ 50%；

⑤非传统水源利用率 ≥ 30%；

⑥利废材料使用率 ≥ 30%；

⑦楼板撞击声声压级 ≤ 70dB。

各绿色技术增量成本比例见图 5 – 15。

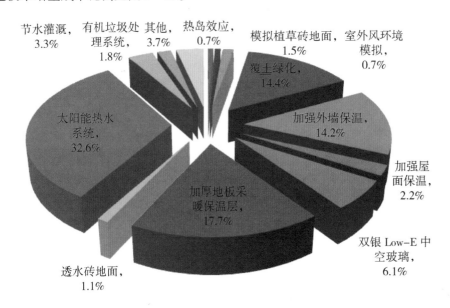

图 5 – 15　中粮万科长阳半岛项目各绿色技术增量成本

各项技术的增量成本见表5-9(资料来源:中国建筑科学研究院建筑设计院中粮万科长阳半岛1#地项目绿色建筑技术路线报告)。

表5-9　中粮万科长阳半岛项目绿色技术增量成本

技术措施	运用范围	单价增量成本 (元/m²)	数量 (万m²)	增量成本 (万元/m²)
室外风环境模拟	04#、11#地块	1	20	20
热岛效应模拟	04#、11#地块	1	20	20
植草砖地面	停车位	100	0.4	40
覆土绿化	敞开式停车场	300	1.3	390
加强外墙保温	所有外墙	40	9.6	384
加强屋面保温	所有屋面	40	1.5	60
双银Low-E中空玻璃	工业化住宅外窗	200	0.83	166
加厚地板采暖保温层	每户室内	30	16	480
透水砖地面	部分道路	100	0.3	30
太阳能热水系统	18层及以下住宅	5000元/户	0.176	880
节水灌溉	绿地浇灌	30	3	90
有机垃圾处理系统	04#、11#地块	25万	2套	50
其他		100万		100
合计(20万m²)				2710
单位面积增量成本				135.5

将各项绿色技术和产品按绿色建筑的一级指标进行归类,增量成本情况如表5-10和图5-16所示。

表5-10　中粮万科长阳半岛项目绿色技术增量组成比例

类别	技术措施		增量成本 (万元)	占绿色建筑增量 成本比例(%)
节地	透水地面	透水砖	30	18.45
	植草砖地面	植草格	40	
	覆土绿化	增加绿化率	390	
	室外风环境模拟	软件模拟	20	
	热岛效应模拟	软件模拟	20	
节能	围护结构节能	加强外墙保温,加强屋面保温、双银Low-E中空玻璃	610	54.98
	可再生能源利用	太阳能热水系统	880	
节水	节水灌溉	微灌、喷灌	90	3.32
室内环境质量	室内环境控制	加厚地板采暖保温层	480	17.71

类别		技术措施	增量成本 （万元）	占绿色建筑增量 成本比例（%）
运营 管理	有机垃圾处理系统	有机垃圾处理系统	50	1.85
其 他			100	3.69

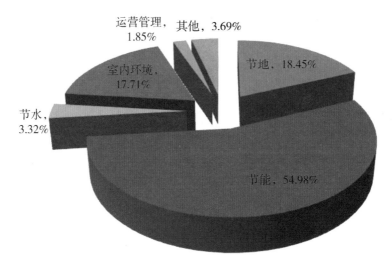

图 5 - 16　各级指标增量成本比例

从图 5 - 16 可以看出,该项目节能引起的绿色建筑增量成本最大,占到 54.98%,节地引起的增量成本位于其次,占 18.45%,室内环境质量引起的增量成本占 17.71%,由于北京市设置有市政中水,因此节水引起的增量成本较小,占 3.32%,运营管理占增量成本的比率相对较小,为 1.85%。

（2）总结

北京市设置有市政中水,本项目利用市政中水绿化、冲洗地面以及入户冲厕,不增加任何成本即达到了节水优选项 4.3.12 条的要求,也减少了三星级标准的增量成本,不过经过分析,该项目采用的三星级绿色技术措施组合科学、合理,低成本、高效益,因此绿色技术总体增量成本较少,值得借鉴。

2. 三星级绿色居住建筑参考案例——万科城新花园项目（一期）

（1）项目概况及技术介绍

万科城新花园项目（一期）运用了约 52 项绿色生态技术,满足节地、节能、节水、节材、保护环境的绿色建筑理念,创造立体、多层面的生态环境,层层净化外界环境,它从热环境、室内环境质量、水环境、声环境等多个方面着手,切实改善居住环境,营造了一个更舒适、健康、环保、节能的居住空间。达到《绿色建筑评价标准》中最高的三星设计标准。

该项目采用屋面太阳能集热器集中加热,屋面水箱集中储热,热水到达用户时如果水温不够则由燃气壁挂炉补充加热,即采用集中集热储热、分户加热的方式。另外还采用了人工湿地、中水回用技术、太阳能灯、垃圾处理技术等。

各项技术的增量成本见图 5 - 17 和表 5 - 11。（数据来源:中国建筑科学研究院上海分院孙大明"当前中国绿色建筑成本增量统计"）

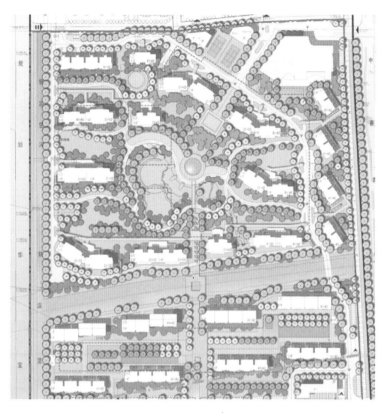

图5-17　万科城新花园项目(一期)总图

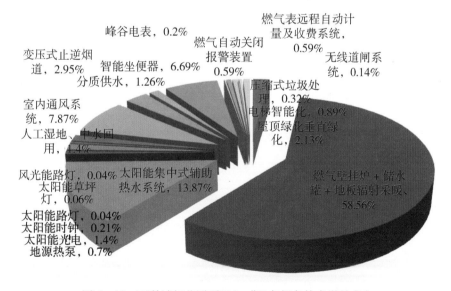

图5-18　万科城新花园项目(一期)各绿色技术增量成本

表5-11　万科城新花园项目(一期)各绿色技术增量成本

技术措施	成本(万元)	采用部位	占增量成本百分比(%)	说明
屋顶绿化垂直绿化	152.56	全部住宅	0.96	种植屋面每平方米增加100元
燃气壁挂炉+储水罐+地板辐射采暖	4195.5	全部住宅	26.50	

103

技术措施	成本（万元）	采用部位	占增量成本百分比（%）	说明
太阳能集中式辅助热水系统	992	90 房型	6.26	
地源热泵	50	会所	0.32	
太阳能光电	100	会所	0.63	根据设计量最终确定，预估 100 万元
太阳能时钟	15	小区	0.09	15 万元/个
太阳能路灯	3	小区	0.02	
太阳能草坪灯	4	小区	0.03	400 元/个，100 个
风光能路灯	3	小区	0.02	3 万元/个
人工湿地、中水回用	100	小区	0.63	
室内通风系统	563.2	全部住宅	3.56	每套 4000 元
变压式止逆烟道	211.2	全部住宅	1.33	每套 1500 元
分质供水	90	全部住宅	0.57	增量成本 5.5 元/m²
智能坐便器	478.72	全部住宅	3.02	4900 元/个，增量成本 3400 元/个
峰谷电表	14.08	全部住宅	0.09	每套 300 元
燃气自动关闭报警装置	42.24	全部住宅	0.27	每套 300 元
燃气表远程自动计量及收费系统	42.24	全部住宅	0.27	每套 300 元
无线道闸系统	10	小区	0.06	
压缩式垃圾处理	23	小区	0.15	23 万元/台
电梯智能化	64	全部住宅	0.40	按照 1 万元/套估算
总计	7153.74			
绿色建筑单位建筑面积增加成本				418（元/m²）

将各项绿色技术和产品按绿色建筑的一级指标进行归类，增量成本情况如表 5 – 12 和图 5 – 19 所示。

表 5 – 12 万科城新花园项目（一期）绿色技术增量组成比例

类别		技术措施	增量成本（万元）	占绿色建筑增量成本比例（%）
节地	透水地面	透水砖、植草格	0	
节能	围护结构节能	Low-E 玻璃、屋顶绿化	1319.56	18.5
	可再生能源利用	地源热泵		
		太阳能光电、太阳能时钟、太阳能路灯、太阳能草坪灯		
		太阳能集中式辅助热水系统		
		风光能路灯		
节水	中水利用，雨水收集	人工湿地、中水回用	100	1.4
室内环境质量	室内环境控制	室内通风系统、变压式止逆烟道、分质供水	1343.12	77.4
		燃气壁挂炉 + 储水罐 + 地板辐射采暖	4195.5	
运营管理	建筑智能化	燃气自动关闭报警装置、燃气表远程自动计量及收费系统、无线道闸系统、垃圾处理	195.56	2.7

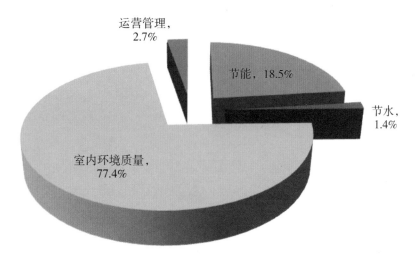

图 5 - 19　各级指标增量成本比例

从图 5 - 19 可以看出,本项目室内环境引起的绿色建筑增量成本最大,占到 77.4%,节能引起的绿色建筑增量成本位于其次,占到 18.50%,节水与运营管理占增量成本的比率相对较小,分别占 1.4% 和 2.7% 。

(2)总结

从项目采用的绿色技术措施说明可以看出,本项目使用了燃气壁挂炉 + 储水罐 + 地板辐射采暖,花费了 4195.5 万元,其增量成本占了最大的比例。笔者认为这样计算是不妥当的,采用此种技术措施并不是必须的,并且采用这种采暖方式后可提高室内舒适性,但与绿色建筑关系不大。如不考虑此项增量成本,该项目绿色建筑单位建筑面积增加成本约为 172 元$/m^2$。

此外使用太阳能时钟、太阳能路灯、太阳能草坪灯、风光能路灯的做法也不妥当,因为路灯占居民用电比例是很小的,不足以满足可再生能源的使用量占建筑总能耗的 5% 以上。智能坐便器、无线道闸系统、变压式止逆烟道、燃气自动关闭报警装置等这些措施可提升住房品质,有助于增加销售的亮点,但与绿色建筑标准关系不大。

综合分析,不建议采用以上增量成本较多的技术措施,应通过精细化设计、优化设计等成本低、收益好的方法,满足绿色建筑标准的要求。

第6章 绿色居住建筑调研分析

本章主要是通过对华南地区绿色居住建筑项目实际调研,以及与物管人员进行访谈,分析了解相关绿色技术措施应用效果及适用性分析。下面分别对万科城四期、广州金山谷、万科府前花园、江门星汇名庭、珠海宾馆改造项目、南宁裕丰·英伦等几个项目绿色技术的应用情况及调研分析进行阐述。

6.1 深圳万科城四期(运行标识★★★)

深圳万科城项目位于深圳市龙岗区坂雪岗大道旁,项目于2003年7月立项,2009年1月竣工。项目共分四期开发,其中万科城四期于2005年6月开始前期设计,2009年1月竣工,占地面积约9.6万 m^2 ,由高层及低层住宅、小区配套设施和幼儿园组成,总建筑面积约12.6万 m^2 。

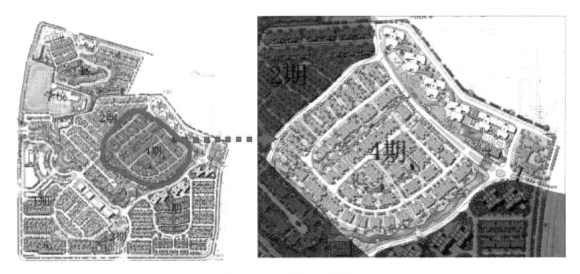

图6-1 万科城四期总图

深圳万科城四期绿色住区的研发与实践始终本着"因地制宜"的原则,在绿色建筑评价体系的节地、节能、节水、节材、室内环境质量及运营管理六个层面展开,进行了许多在华南地区具有创新性的实践,主要包括:①不同建筑类型的围护结构节能60%;②夏热冬暖地区实用的自然通风设计及其对节能的贡献率探索;③多形式的遮阳与建筑一体化设计;④高层及低层住宅规模利用太阳能热水系统;⑤内墙无机隔热砂浆在夏热冬暖地区的规模应用;⑥结合地形营建生态水环境系统:利用天然冲沟形成生态水系、中水利用率高、绿化浇灌道路喷洒采用中水及雨水、水景水质达到地表四类;⑦土建与装修一体化设计施工:室内设计与建筑设计同步进行,精装修不需对室内做调整即可开展室内装饰部分的施工;⑧开设以绿色为主题的品质体验馆;⑨零能耗实验住宅实践,致力于探索夏热冬暖地区的超级节能乃至不耗电、环境友好、智能化及体验式住宅的实现。万科城四期的绿色技术体系见图6-2。

根据现场调研情况,将万科城四期绿色建筑技术体系进行总结和分析,如表6-1所示。

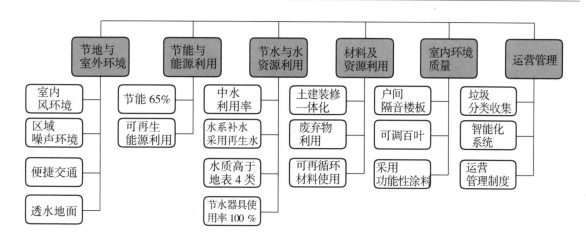

图 6-2　万科城四期绿色技术体系简图

表 6-1　万科城四期应用的绿色建筑体系

类别		技术措施	现场图片
节地	透水地面	绿地、生态水景、植草格,透水面积占室外地面总面积46.57%	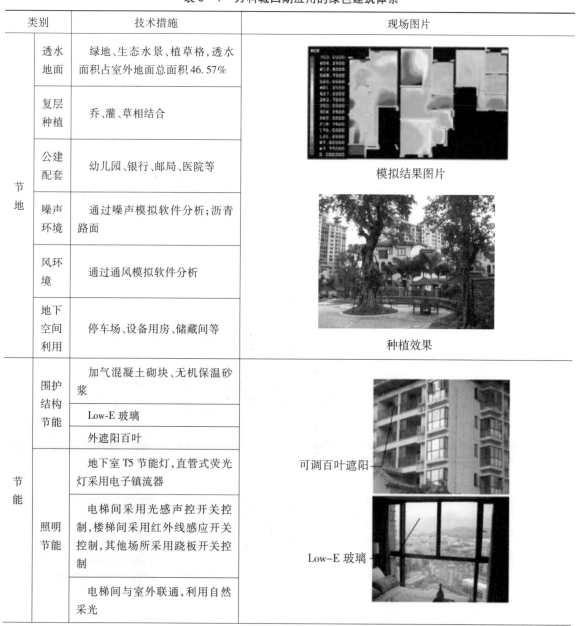 模拟结果图片
	复层种植	乔、灌、草相结合	
	公建配套	幼儿园、银行、邮局、医院等	
	噪声环境	通过噪声模拟软件分析;沥青路面	
	风环境	通过通风模拟软件分析	种植效果
	地下空间利用	停车场、设备用房、储藏间等	
节能	围护结构节能	加气混凝土砌块、无机保温砂浆	可调百叶遮阳
		Low-E 玻璃	
		外遮阳百叶	
	照明节能	地下室 T5 节能灯,直管式荧光灯采用电子镇流器	
		电梯间采用光感声控开关控制,楼梯间采用红外线感应开关控制,其他场所采用跷板开关控制	Low-E 玻璃
		电梯间与室外联通,利用自然采光	

类别		技术措施	现场图片
节能	照明节能	小区路灯及庭院灯采用节能照明	
		车库及低层住宅地下储藏间开设天井,直接利用自然采光	太阳能真空管热水系统
	可再生能源利用	太阳能集中式辅助热水系统	太阳能平板热水系统
	自然通风	自然通风节能贡献率5%	
节水	中水利用,雨水收集	人工湿地、中水回用 通过设计生态水渠及旱溪收集雨水,非传统水源利用率达35.6%	 湖水人工湿地（施工完毕） 污水人工湿地（施工中）　　　多种湿地植物

类别		技术措施	现场图片
节材		使用预拌混凝土	四期生态水景（静水区）——采用中水补水／达到地表四类水质 四期生态水景（动水区）——生态驳岸及植物
		土建与装修一体化	100% 采用节水器具　防撞击门套　采用品牌衣柜 热水器安装在室外　玄关收纳空间　卫生间设置排水渠
		可再循环材料占建筑材料总量的 13.3%	
室内环境质量		户间视线无干扰,明卫设计	
		屋顶及东、西外墙内表面温度满足规范要求	
		可调外遮阳	高层可调百叶装置
运营管理	建筑智能化	监控系统、报警系统、门禁系统、可视对讲系统、停车自动管理系统等	防高空抛物监控　车辆管理系统　防尾随装置
	管道	管道布置合理	
	垃圾分类	洁净垃圾房	洁净垃圾房

　　该项目建筑节能率 61%,太阳能提供生活热水量占生活热水总用水量的 44.7%,非传统水源使用率达到 35.6%,项目绿色技术增量成本为 245 元/m²。

　　与物业管理人员交流,该项目小区日照、采光、通风情况较好,用户反映室内居住环境舒适,每年开启空调时间显著减少,居民用电减少;人工湿地及雨水收集系统运转良好,可节省大量自来水用量;太阳能热水系统使用较好,较少发生漏水等故障。外遮阳百叶效果好,但个别有损坏现象,在选材时需要注意产品的质量。

　　总体上讲,该项目采用的绿色技术应用恰到好处,其采用的节地(透水地面、复层种植、公建配套、减低住区噪声环境、改善小区外部及室内通风环境、地下空间利用)技术、节能(围护结构节能包括无机保温砂浆、Low-E 玻璃、外遮阳,照明节能、太阳能热水)技术、节水(收集利用雨水、中水用作绿化浇灌,冲洗路面、景观补水等)技术、节材(使用预拌混凝土、精装修、可再循环材料的应用)技术、室内环境质量(精细化、优化设计手法、隔热、外遮阳)技术、运营管理(采用先进智能化管理系统及洁净垃圾房)技术,选用的这些绿色技术,建设成本较低,投入运行使用效果好,获得住户的好评,同时也减少了物业管理的费用,其中采用的技术也适合在华南地区使用,值得推荐和推广。

6.2　金山谷(设计标识★★)

　　广州金山谷花园项目规划地块位于广州市番禺区,占地面积约 83 万 m²,在地域结构中处于特

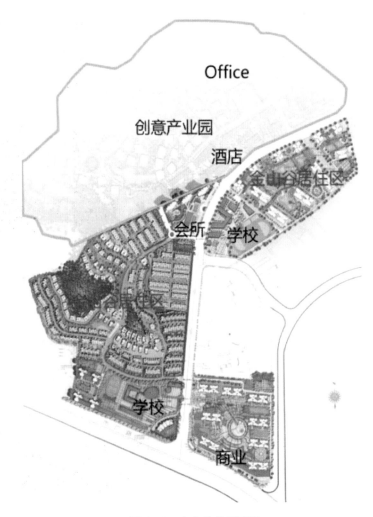

图 6-3　金山谷总平面图

殊位置,位于大石南部、钟村东侧、南村西侧、市桥北侧,处于各个镇的结合部位。金山谷项目中涵盖有总占地 39 万 m² 的金山谷创意产业基地(Office Park),同时也是广州市 2009 年重点建设项目,以公园式的国际化建筑规划、国际标准的商务配套,构建全球性创意知识产业的交流平台,Office Park 商业配套涵盖酒店、公寓、商业等,为整个招商金山谷社区带来便利。另外还有政府投资配套的幼儿园、小学和中学以及 Office Park 规划引入的外国人学校等资源。

该项目除了"四节一环保"的方针之外,提出十项可持续发展原则,分别是:①低碳排放;②低废物排放;③可持续发展交通;④当地和可持续材料;⑤当地和可持续食品;⑥可持续发展用水;⑦保护天然环境和野生动植物;⑧传承文化;⑨公正和公平贸易;⑩健康愉快的生活。

根据现场调研情况,将金山谷绿色建筑技术体系进行总结和分析,如表 6 - 2 所示。

表 6 - 2　金山谷应用的绿色建筑体系

类别		技术措施	现场图片及要点
节地	透水地面	绿地、植草格	根据模拟结果,相应调整了建筑间距,增设了首层架空层、调整了户内可开启窗扇位置
	复层种植	乔、灌、草相结合	
	公建配套	幼儿园、银行、邮局、医院等	
	减少热岛效应	人工水体、透水地面、太阳能集热器屋面、景观遮阳小品、绿化等减低热岛效应	
	风环境	通过通风模拟软件分析	
	地下空间利用	停车场、设备用房、储藏间等	
	降噪	绿化隔离带,中空玻璃	
节能	围护结构节能	加气混凝土砌块、玻化微珠保温砂浆	综合节能率达到 65%
		Low-E 玻璃	
		低层设外遮阳百叶	
	照明节能	公共部位照明采用 T5 高效灯具	
		景观灯具备定时控制功能	
	可再生能源利用	低层及高层住宅采用真空管式太阳能集中式加辅助加热的热水系统	
	自然通风	自然通风节能贡献率 5%	
	节能设备	供水采用变频供水设备,会所等公共空间采用新风全热交换设备	

类别		技术措施	现场图片及要点
节水	中水利用,雨水收集	人工湿地、中水回用;同时也收集雨水,非传统水源利用率达 25%	
节材		使用预拌混凝土	地基处理工程中采用废弃砂石; 售楼中心全部构件循环使用
		土建与装修一体化	
		旧建筑利用	
		废弃物管理与分类	
室内环境质量		户间视线无干扰,明卫设计	
		屋顶及东、西外墙内表面温度满足规范要求	
		窗式通风器	
运营管理	建筑智能化	监控系统、报警系统、门禁系统、可视对讲系统、停车自动管理系统等	
	管道	管道布置合理	

据初步估算,金山谷项目的工作加生活综合开发模式减少 30% 的出行,交通减排 3200 吨 CO_2/年,至少相当于 284 万 m^2 森林每年的吸收量;而综合节能 65% 建筑,按每平方米建筑面积每年节电 5 度计算,全年可节约用电约 500 万度,加上低层及部分高层应用太阳能热水系统节约的能源,全年可节约标准煤约 2500 吨,可减少 CO_2 排放 5200 吨。项目采用人工湿地处理污水用于景观绿化,目前的处理规模为 200 吨/日,年节水 73000 吨。

总体上讲,本项目采用的绿色技术应用合理、实用,其采用的节地(透水地面、复层种植、公建配套、减低住区噪声环境、改善小区外部及室内通风环境、地下空间利用)技术、节能(围护结构节能包括无机保温砂浆、Low-E 玻璃、外遮阳、照明节能、太阳能热水)技术、节水(收集利用雨水、中水用作绿化浇灌、冲洗路面、景观补水等)技术、节材(使用预拌混凝土、精装修等)技术、室内环境质量(精细化、优化设计手法、隔热、设置通风换气装置)技术、运营管理(采用先进智能化管理系统)技术,选用的这些绿色技术,建设成本较低,投入运行使用效果好,获得住户的好评,同时也减少了物业管理的费用,其中采用的技术也适合在华南地区使用,值得推荐和推广。

6.3　万科府前花园 A 组团(设计标识★★)

万科府前花园为住宅项目,项目用地位于广州南沙行政中心南侧,凤凰大道与金蕉路交汇处。共建有 10 栋高层住宅项目,占地面积为 10304m^2,总建筑面积 42471 m^2,其中,地上建筑面积为 36565 m^2,地下建筑面积为 5906 m^2。

该项目以国家绿色建筑二星级为总体目标,设计立足于广州本地气候特点,重点应用遮阳、通风等被动式的建筑节能技术;项目所有户型均采用了土建装修一体化设计,降低住宅建设与使用过程中的材料消耗,同时为提高居室声、光、热等物理环境的舒适性,项目有针对性地进行了通风、采光、日照模拟优化设计,并对外围护结构、管井隔声、楼板做法等实用措施进行完善;在室外空间设置雨水收集系统,利用人工湖蓄积场地雨水,通过人工湿地处理后用于室外绿化浇洒、道路冲洗、地下室冲洗等,辅以微灌、喷灌节水灌溉方式,同时全部采用节水器具达到水资源集约利用的目的。项目效果图见图 6-4。

图 6-4　万科府前花园项目效果图

该项目住区绿地率为32.3%,建筑节能率为53.3%,非传统水源利用率可达到7.3%。本项目于2010年11月通过了国家绿色建筑设计标识二星级认证。根据现场调研情况,将府前花园A组团项目绿色建筑技术体系进行总结和分析,如表6-3所示。

表6-3 府前花园A组团项目应用的绿色建筑体系

类别		技术措施	要点
节地	透水地面	绿地、植草格	项目利用模拟手段对场地声、风、热等物理因子进行分析,并根据模拟结果对建筑布局、围护结构隔声、景观设计等提出量化设计要求,以精细化手段提升项目品质
	复层种植	乔、灌、草相结合	
	公建配套	幼儿园、银行、邮局、医院等	
	降噪	绿化隔离带,中空玻璃	
	风环境	通过通风模拟软件分析	
	地下空间利用	停车场、设备用房、储藏间等	
	废弃场地	利用采石场废弃地	
节能	围护结构节能	加气混凝土砌块、玻化微珠保温砂浆	综合节能率超过50%
		Low-E玻璃	
	照明节能	公共场所选用节能光源、高效灯具和低损耗镇流器等	
		使用声控等智能照明控制手段	
节水	雨水收集利用	收集雨水	非传统水源利用率达7.34%,非传统水源用于绿化浇洒、道路冲洗等
	节水灌溉	微灌、喷灌	
节材		使用预拌混凝土	住宅精装修出售
		土建与装修一体化	
室内环境质量	光环境	计算机模拟,精细化设计	楼板采用12mm实木复合地板,空气声计权隔声量大于47.6dB,楼板的计权标准化撞击声声压级小于67dB;分户墙采用200mm加气混凝砌块或钢筋混凝土,前后为20mm水泥砂浆抹灰。经计算,分户墙的空气声计权隔声量不小于48.3dB;外窗采用了隔声性能较好的密封中空玻璃节能窗,窗缝采用橡胶密封胶条密封,设计隔声量不小于34dB
	风环境	计算机模拟,优化设计	
	声环境	中空隔声玻璃、电梯管井隔声、实木隔声地板等多项技术措施	
运营管理	建筑智能化	监控系统、报警系统、门禁系统、可视对讲系统、停车自动管理系统等	无增加成本
	管道	管道布置合理	

该项目采用了节能照明,雨水回用系统,微灌、喷灌节水灌溉设施,电梯管井隔声,土建装修一体化设计等绿色技术措施。其中,土壤氡检测费用成本为3万元;节能照明费用成本为10万元;透水地面费用成本为10万元;微灌、喷灌节水灌溉费用成本为4万元;电梯管井隔声费用成本为40万元;雨水回用系统费用成本为35万元。考虑10%不可预计成本,总增量成本为112.2万元,单位建筑面积增量成本约为30.7元/m²。本项目所在的广州南沙08NJY-1地块原为采石场废弃地,现属于住宅建设用地,因此该项目先天优势满足了优选项4.1.18条的要求,从而减少了一项由于满足优选项而增加的成本。

该项目为平民生态住宅建筑,设计立足于广州本地气候特点,重点应用遮阳、通风等被动式的建筑节能技术;项目所有户型均采用了土建装修一体化设计,降低住宅建设与使用过程中的材料消耗,同时为提高居室声、光、热等物理环境的舒适性,项目有针对性地进行了通风、采光、日照模拟优化设计,并对外围护结构、管井隔声、楼板做法等实用措施进行完善;在室外空间设置雨水收集系统,利用人工湖蓄积场地雨水,通过人工湿地处理后用于室外绿化浇洒、道路冲洗、地下室冲洗等,辅以微灌、喷灌节水灌溉方式,同时全部采用节水器具达到水资源集约利用的目的。

综上所述,本项目用实际行动实践着广州地区低成本、可复制的绿色住区开发模式,是值得在华南地区普及、推广采用的绿色建筑技术。

6.4 江门星汇名庭(设计标识★★)

项目用地性质包括商品住宅用地、小区公共服务设施用地、商业用地。总用地面积 219107m²,可建设用地面积 187890m²,容积率 <2.3,总建筑面积 432147m²,建筑密度≤35%。该项目用地位于江门市北新城区中心区中轴线北端。北新城区中心区是江门市具有现代化气魄的集行政、文化、新型居住社区于一体的中心城市中心区,是将江门市建设成为现代化区域性城市的战略重点之一。其中一期规划用地面积为 7.975 万 m²,含 18 栋住宅建筑(共 932 户),一个会所(建筑面积 5543.23 m²),人工湖面积 6332 m²,其他浅水景观水面面积近 3000 m²。本项目目前已获得绿色建筑设计标识 2 星级认证。

表6-4 星汇名庭项目应用的绿色建筑体系

类　别		技术措施	要　点
节地	透水地面	绿地、植草格	项目利用模拟手段对场地声、风、热等物理因子进行分析,并根据模拟结果对建筑布局、围护结构隔声、景观设计等提出量化设计要求,以精细化手段提升项目品质
	复层种植	乔、灌、草相结合	
	公建配套	幼儿园、银行、邮局、医院等	
	降噪	绿化隔离带,中空玻璃	
	风环境	通过通风模拟软件分析	
	减小热岛效应	改善通风环境、大面积水体、绿地等	
	地下空间利用	停车场、设备用房、储藏间等	
节能	围护结构节能	加气混凝土砌块、玻化微珠保温砂浆	综合节能率超过 60%
		Low-E 中空玻璃	
	照明节能	公共场所选用节能光源、高效灯具和低损耗镇流器等	
		使用声控等智能照明控制手段	
节水	雨水收集利用	渗透雨水沟,湖体	非传统水源利用率达 18.6%,非传统水源用于绿化浇洒、道路冲洗、景观湖补水等
	节水灌溉	无	
	中水利用	人工湿地处理生活污水	
节材		使用预拌混凝土	
		使用可再循环材料	

类 别		技术措施	要 点
室内环境质量	光环境	计算机模拟,精细化设计	①G-1a,G-1b 为最不利套型,这几套户型最靠近北环路,距北环路 40m ②主要噪声为北环路主干道的车辆噪声影响,昼间为62.6dB,夜间为 52.1dB,门窗的空气声计权隔声量均大于30dB ③主要功能房间全部采用中空玻璃,其他楼板采用5mm 隔声垫层,分户墙采用 100mm 钢筋混凝土,外墙采用 200mm 加气混凝土
	风环境	计算机模拟,优化设计	
	声环境	中空隔声玻璃、电梯管井隔声、隔声垫层等多项技术措施	
运营管理	建筑智能化	有线电视系统、安防监控系统、电子巡更系统、出入口控制系统、可视对讲系统、停车管理系统等	无增加成本
	管道	管道布置合理	

该项目设计立足于广州本地气候特点,重点应用隔热、通风等被动式的建筑节能技术;项目有针对性地进行了通风、采光、日照、热岛效应模拟优化设计,并对外围护结构、楼板做法等实用措施进行完善;在室外空间设置雨水收集系统,利用人工湖蓄积场地雨水,生活污水通过人工湿地处理后用于室外绿化浇洒、道路冲洗、景观湖的补水等,全部采用节水器具达到水资源集约利用的目的。

综上所述,星汇名庭项目应用的技术低成本、可复制,是值得在华南地区普及、推广采用的绿色建筑技术。

6.5 珠海宾馆改造项目1~5号楼(设计标识★★★)

珠海宾馆改造项目位于珠海市吉大商业区,项目用地北临石景山,东北临九洲城,东面为珠海渔女风景区,南临吉大中心区,距离海岸线直线不足 1 km,自然风景资源丰富且交通便利,工程总用地面积 14365 m²。该项目是原政府接待酒店——珠海宾馆的改建项目,保留东侧原有底层园林式建筑,拆除原西侧建筑,建为高层宾馆,与保留建筑共同形成新的宾馆建筑群。本项目于 2010 年12 月通过了国家绿色建筑设计标识三星级认证。

本项目工程投资 46957 万元,用地面积 109917 m²,为改造项目,包括商业、酒店和住宅。其中1 至 5 号楼为 5 栋高层住宅,占地 45668 m²,除去保留山体公园面积,实际用地面积 22247 m²,建筑面积 112749 m²。结构形式为剪力墙结构。

图 6-5 珠海宾馆项目效果图

根据资料及现场调研情况,将珠海宾馆改造项目应用的绿色建筑技术体系进行总结和分析,如表 6-5 所示。

表 6-5 珠海宾馆改造项目应用的绿色建筑体系

类 别		技术措施	要 点
节地	透水地面	绿地、植草格	通过计算机软件对住区环境进行模拟分析,室外声、光、热均满足标准要求,拥有舒适、宜居的环境;透水地面比例为 51.64%
	复层种植	乔、灌、草相结合	
	公建配套	幼儿园、银行、邮局、医院等	
	降噪	绿化隔离带,中空玻璃	
	风环境	通过通风模拟软件分析	
	地下空间利用	停车场、设备用房、储藏间等	
	旧建筑利用	对原有建筑改造利用	
节能	围护结构节能	加气混凝土砌块、聚苯颗粒保温砂浆	综合节能率超过 60.2%～62.2%,其中: ①屋面:采用 60mm 细石混凝土、30mm 挤塑聚苯板、25mm 碎石、卵石混凝土、130mm 钢筋混凝土; ②外墙:采用 25mm 水泥砂浆、200mm 加气混凝土、30mm 聚苯颗粒保温砂浆、5mm 抗裂砂浆(网格布)、20mm 石灰水泥砂浆(混合砂浆); ③外窗采用 Low-E 中空玻璃; ④通过自然通风来降低空调的使用率,从而达到更好的节能效果
		Low-E 中空玻璃	
	自然通风	改善室内自然通风,减少空调开启时间	
	照明节能	楼栋的电梯间、楼梯间使用:①声控开关的控制;②T5 灯管;③U 形灯管或螺旋形灯管;④低损耗镇流器	
		地下车库:采用 T5 灯管	
		人行路灯:人行道路照明采用 U 形螺旋形节能灯	
		通过智能化系统控制室外照明的开闭时间	
节水	中水回用	收集处理生活污水	非传统水源利用率达 31.0%,非传统水源用于绿化浇洒、道路冲洗,车库地面冲洗及山体浇灌等
	雨水收集利用	设置雨水沟渠	
节材		使用预拌混凝土	采用的可再循环材料主要包括金属材料(钢材、铜等)、玻璃、铝合金型材、木材。 可再循环材料利用率 C = 可再循环材料总重量(t)/建筑材料总重量(t) = 19451.79/185627.23 = 10.48%,在保证安全和不污染环境的情况下,使用比例高于 10%,达到标准要求
		土建与装修一体化	
		高性能混凝土及高强度钢筋	
		可再循环材料的使用	
室内环境质量	日照采光	窗地比满足规范要求	项目采用精装修交楼,卧室采用 9mm 厚复合地板、3mm 防潮垫,客厅采用 120mm 钢筋混凝土楼板、10mm 厚隔声垫、40mm 厚细石混凝土、20mm 厚灰木纹石材做法,将楼板的计权标准化撞击声声压级减少到 70dB 以下。入户门的空气声计权隔声量大于 30dB;外窗的空气声计权隔声量大于 30dB
	风环境	计算机模拟,优化设计,户型朝向及房间设计合理	
	声环境	中空隔声玻璃、电梯管井隔声、实木隔声地板等多项技术措施	

类 别		技术措施	要 点
室内环境质量	隔热设计	屋顶,东、西外墙内表面最高温度满足规范的要求	采用25mm水泥砂浆、200mm加气混凝土、30mm聚苯颗粒保温砂浆、5mm抗裂砂浆(网格布)、20mm石灰水泥砂浆(混合砂浆),外窗采用铝合金Low-E中空玻璃
	通风换气装置	采用YKK铝合金门窗配套通风器	门窗与通风器整体现场安装,包含L/LD50平开/上悬/固定窗用通风器和L/LD100推拉门窗用通风器,每扇窗的通风量在60m³/h
运营管理	建筑智能化	监控系统、报警系统、门禁系统、可视对讲系统、停车自动管理系统等	垃圾房布置有机垃圾生化处理装置,保障从客户端、住宅楼道及大堂、室外垃圾桶,均进行垃圾分类收集,最后通过有机垃圾生化处理装置,将占垃圾总量70%以上的有机垃圾进行处理,减少垃圾运送量及次数,减少对城市环境的影响。垃圾房结合地下室设计,总面积60m²。设置有机垃圾生化处理装置,体积小、占地面积少,全自动全封闭处理,无噪声、无异味,将有机垃圾分解成水和二氧化碳,残渣可用作花肥
	管道	管道布置合理	
	垃圾处理	垃圾分类回收及有机垃圾生化处理系统	

珠海宾馆改造项目的增量成本为59元/m²,其中隔声楼板增量成本最大,约占总增量成本的33.9%;其次是新风系统占16.9%、不可预见费占16.9%,中水利用占10.2%、功能涂料占8.5%、有机垃圾生化处理占8.5%、咨询费占5.1%。

表6－6　珠海宾馆改造项目主要增量成本统计

编号	项目	措施	增量成本(元/m²)
1	节水	中水利用	6
2	室内环境	隔声楼板	20
3		功能涂料	5
4		新风系统	10
5	运营管理	有机垃圾生化处理	5
6	咨询费		3
7	不可预见费		10
合计			59

该项目设计立足于本地气候特点,重点应用隔热、通风等被动式的建筑节能技术;项目所有户型均采用了土建装修一体化设计,降低住宅建设与使用过程中的材料消耗,同时为提高居室声、光、热等物理环境的舒适性,项目有针对性地进行了通风、采光、日照模拟优化设计,并对外围护结构、管井隔声、楼板做法等实用措施进行完善;在室外空间设置雨水收集系统,利用保留山体的山脚修建雨水管沟,中水采用小区生活污水,通过处理后用于室外绿化浇洒、道路冲洗、地下室冲洗、山体浇灌等,同时全部采用节水器具达到水资源集约利用的目的。

综上所述,珠海宾馆项目用实际行动实践着低成本、可复制的绿色住区开发模式,是值得在华南地区普及、推广采用的绿色建筑技术。

6.6　南宁裕丰·英伦(设计标识★★)

"裕丰·英伦"项目为纯住宅小区,位于广西南宁市青秀区佛子岭路10号,小区由9栋18层的高层住宅及4栋多层住宅构成,总户数为1251户。采用框架及框架剪力墙结构,建筑容积率

2.0,绿地率41.5%,人均用地面积15.06m²,人均绿地面积3.645 m²。设计充分利用原地形,采用退台式分布,形成大围合中心景观布局。周边学校、医疗、公园等市政设施较为完善,各类金融、餐饮、娱乐、零售等业态商业网点齐备,片区品质居住氛围日益成熟。

图6-6　裕丰·英伦效果图

该项目主要采用了加气混凝土砌块、中空玻璃内置可调百叶窗、透水地面、节水龙头、节水坐便器、楼层通透小区道路照明节能灯、太阳能灯具、太阳能热水器、空气能源泵热水器、再生能源电梯、人工湿地污水处理技术、微型喷灌系统、垃圾处理机、一键关闭、东西向剪力墙保温隔热砂泵、智能化系统等绿色技术。

根据资料,将裕丰·英伦项目应用的绿色建筑技术体系进行总结和分析,如表6-7所示。

表6-7　裕丰·英伦项目应用的绿色建筑体系

类　别		技术措施	要　点
节地	透水地面	绿地、植草格等	通过计算机软件对住区环境进行模拟分析,室外声、光、热均满足标准要求,拥有舒适、宜居的环境; 减小住区热岛效应
	复层种植	乔、灌、草相结合	
	便捷交通	合理布置小区出入口	
	降噪	绿化隔离带、中空玻璃	
	风环境	通过通风模拟软件分析	
	地下空间利用	停车场、设备用房、活动用房等	
	减小热岛效应	较大面积设置人工水景、绿地、透水地面	

类 别		技术措施	要 点
节能	围护结构节能	加气混凝土砌块、保温砂浆	综合节能率超过50%,其中: 外墙:加气混凝土、保温砂浆。 外窗采用中空玻璃内置可调百叶窗。 通过良好的自然通风来降低空调的使用率,从而达到更好的节能效果。 此外还应用了太阳能热水、空气源热泵热水系统,太阳能灯具及再生能源电梯
		中空玻璃内置可调百叶窗	
	自然通风	改善室内自然通风,减少空调开启时间	
	照明节能	楼层通道、小区道路设置节能灯	
		太阳能灯具	
	节能设备	再生能源电梯	
	可再生能源	太阳能热水器,空气能热泵热水器系统	
节水	中水回用	收集处理生活污水,通过人工湿地处理用于景观及人工湖	非传统水源利用率高于10%,非传统水源用于绿化浇洒、道路冲洗、人工湖补水等
	节水灌溉	微灌、喷灌技术	
节材		使用预拌混凝土	节材技术未发生增量成本
		土建与装修一体化	
室内环境质量	日照采光	窗地比满足规范要求	可调百叶可以调节太阳对室内的热辐射,不仅可以减少空调能耗,还可以满足不同季节对日照的需要,以人为本,提高室内环境质量及居住舒适度。 分户墙隔声性能:采用面密度较大的砖渣砖空心砌块,其空气声计权隔声量可达到45dB,隔声效果显著。保证卧室拥有良好的声环境,提高室内的舒适度。 户型设计中的减噪措施:住宅户型设计上合理布置电梯的位置,避免电梯靠近居室,电梯机房还采用了减振措施,减少其噪声对住户的影响。住宅卫生间的排水管道采用改性聚丙烯树脂螺旋消声、塑料复合管道,配合低噪卫生设备使用,使室内噪声声级值低于45dB,以满足室内声环境的要求
	风环境	计算机模拟,优化设计,户型朝向及房间设计合理	
	声环境	中空隔声玻璃、电梯管井隔声、管道隔声等多项技术措施	
	隔热设计	屋顶,东、西外墙内表面最高温度满足规范的要求	采用加气混凝土、保温砂浆,外窗采用铝合金中空玻璃。 门窗与通风器整体现场安装,包含 L/LD50 平开/上悬/固定窗用通风器和 L/LD100 推拉门窗用通风器,每扇窗的通风量在 60m³/h
	遮阳装置	中空玻璃中间遮阳	
运营管理	建筑智能化	监控系统、报警系统、门禁系统、可视对讲系统、停车自动管理系统、一键关闭等	有机垃圾生化处理装置,将减少垃圾运送量及次数,减少对城市环境的影响
	管道	管道布置合理	
	垃圾处理	垃圾处理系统	

该项目采用了多种模拟手段对建筑规划布局进行设计模拟优化,包括风环境的模拟、日照的模拟、采光的模拟、室内自然通风的模拟等。这是一种低成本的技术策略,有利于节约投资、避免技术堆砌和改善建筑质量。例如,通过自然通风的模拟,住宅外窗设计中就考虑了户型设计上把窗口分布两侧,平面布置进深小,使进风口和出风口分布平衡,形成穿堂风的做法。可开启面积也比较合理。

该项目还大胆地采用了太阳能光热建筑一体化的做法,并用空气源热泵热水系统,比例占所有住户的50%以上。这种做法很好,值得推广应用。在节水方面,考虑了雨水的收集利用,并用人工湿地处理污水。此外,在住宅的隔声设计上,也体现了较为细致的考虑,包括住宅户型设计上合理布置电梯的位置,避免电梯靠近居室,且电梯机房采用了减振措施,减少其噪声对住户的影响等。

　　项目采取了铝合金中空玻璃内置可调遮阳百叶的方式,这种技术价格较贵,单位面积增量成本为 42.51 元/ m^2 ,后期维护较麻烦,不推荐采用。另外,节能方面,应用了节能电梯、太阳能灯等。从住户使用之后的评价来看,使用效果并不好,不建议采用这样的技术。

6.7　其他建筑绿色技术应用情况调研分析

　　通过笔者对越秀地产旗下物业进行回访、调研,与物业公司管理人员座谈,他们反映这些绿色技术的应用情况如表 6-8 所示。

表 6-8　集团物业绿色技术措施的应用情况

项目名称	绿色技术措施	应用情况
项目 A	太阳能热水器系统	 别墅太阳能集热板与建筑一体化问题需要协调好; 酒店太阳能热水系统应用情况较好,物管人员反映较节电

项目名称	绿色技术措施	应用情况
	太阳能热水器系统	热水储水罐吊装在卫生间顶部,不方便检修,另外热水罐质量不好,发生过罐体破裂,漏热水,建议放置在工作阳台
	太阳能地灯	地灯被汽车压坏
	太阳能指示牌	质量不好,大部分已经坏掉

项目名称	绿色技术措施	应用情况
	太阳能路灯	 路灯设置过高,更换不方便,夜间影响住户休息
项目 B	屋顶绿化	 部分遮阴的地方植物不生长,并且需要考虑屋顶植物的绿化用水取水点
项目 C	窗式通风器	对用户做了问卷调查,统计分析情况见表 6 - 10
	数值模拟通风环境优化设计	住户反映小区及室内通风环境较好
	中空玻璃	隔音效果好
项目 D	窗式通风器	对用户做了问卷调查,统计分析情况见表 6 - 9
项目 E	中水回用、人工湿地	目前运转情况良好,待使用较长时间后,需要继续通过回访调查其使用情况
	导光筒	
项目 F	绿地	需要继续通过回访和调查了解其使用情况

　　靠近马路的户型,开窗会产生较大噪音,但未开窗时室内无法通风换气,为解决此类问题,在靠近路边的外窗安装了窗式通风器。为了了解通风器安装后,用户的使用情况及通风降噪效果,对项目 D 和项目 C 的相关住户做了问卷调查。

　　1. 项目 D

　　经过统计分析,项目 D 用户问卷中,有效样本数量共有 98 个,本小区窗式通风器安装位置为东向和南向靠路的卧室外窗。将统计结果整理为表 6 - 9 所示。

表6-9 项目D问卷调查统计结果

项目类别		平时您的房间窗式通风器的使用情况				开启窗式通风器后，您感觉房间通风效果如何？			开启窗式通风器后，您感觉房间噪音情况如何？			窗式通风器的清洗方便吗？			
		A 经常开	B 经常不开	C 有时	D 不清楚怎样使用	A 好，通风效果明显	B 不好	C 没有特别的感觉	A 噪音小，跟关窗效果差不多	B 不好，外界噪音会传进房间	C 没有特别的感觉	A 方便	B 不方便	C 没有清洗过	D 不清楚怎样使用
共98个有效样本 总计	户数	48	19	21	10	57	15	22	51	17	25	29	28	22	20
	比例	49.0%	19.4%	21.4%	10.2%	60.6%	16.0%	23.4%	54.8%	18.3%	26.9%	29.3%	28.3%	22.2%	20.2%
01户型	户数	6	5	4	3	10	2	4	7	2	7	5	5	1	6
	比例	33.3%	27.8%	22.2%	16.7%	62.5%	12.5%	25.0%	43.8%	12.5%	43.8%	29.4%	29.4%	5.9%	35.3%
02户型	户数	5	4	0	1	6	3	0	5	3	1	4	5	0	1
	比例	50.0%	40.0%	0.0%	10.0%	66.7%	33.3%	0.0%	55.6%	33.3%	11.1%	40.0%	50.0%	0.0%	10.0%
03户型	户数	3	3	1	1	6	1	1	6	1	1	2	2	1	2
	比例	37.5%	37.5%	12.5%	12.5%	75.0%	12.5%	12.5%	75.0%	12.5%	12.5%	28.6%	28.6%	14.3%	28.6%
04户型	户数	7	0	5	0	8	1	3	9	2	1	3	3	3	3
	比例	58.3%	0.0%	41.7%	0.0%	66.7%	8.3%	25.0%	75.0%	16.7%	8.3%	25.0%	25.0%	25.0%	25.0%
07户型	户数	10	2	6	4	10	4	7	9	5	6	5	6	8	3
	比例	45.5%	9.1%	27.3%	18.2%	45.5%	18.2%	31.8%	40.9%	22.7%	27.3%	22.7%	27.3%	36.4%	13.6%
08户型	户数	6	2	1	0	6	2	1	5	0	4	5	1	3	1
	比例	66.7%	22.2%	11.1%	0.0%	66.7%	22.2%	11.1%	55.6%	0.0%	44.4%	50.0%	10.0%	30.0%	10.0%
18栋	户数	4	1	2	0	5	1	2	3	2	3	4	0	3	2
	比例	50.0%	12.5%	25.0%	0.0%	62.5%	12.5%	25.0%	37.5%	25.0%	37.5%	44.4%	0.0%	33.3%	22.2%
19栋	户数	7	2	2	1	6	1	4	7	2	2	1	6	3	2
	比例	58.3%	16.7%	16.7%	8.3%	54.5%	9.1%	36.4%	63.6%	18.2%	18.2%	8.3%	50.0%	25.0%	16.7%

从表 6 - 9 中得知,平时使用通风器用户所占比例为 70.4%,不使用该装置的用户比例为 19.4%,另外有约 10% 的用户不清楚通风器怎样使用。

关于使用通风器后室内的通风效果,通过问卷调查发现,60.6 的用户认为通风效果明显, 16% 的用户认为通风效果不好,另外有 23.4% 的用户觉得使用窗式通风器与否,对室内的通风状况没有特别的感受。从各个单体户型分析,用户对通风效果的反馈与总体分析无较大的差别,也就是说由于广州地区夏季主导风为东南方向的风,本小区窗式通风器安装位置为东向及南向,因此户型的差别对通风器的通风效果可认为并无较大的影响。

开启通风器后,54.8% 的住户认为房间内噪音较小,跟关闭外窗的效果差不多,26.9% 的用户认为通风器开启与否对室内噪音的影响没有引起特别的感觉,18.3% 的用户认为开启通风器后会引起室内噪音增大。

29.3% 的用户觉得通风器容易清洗,28.3% 的用户认为通风器不方便清洗,另外有 22.2% 和 20.2% 的用户没有清洗过及不知怎样进行清洗维护通风器。用户建议发放宣传资料或宣传短片介绍及指导通风器的使用和维护。

2. 项目 C

经过统计分析,项目 C 用户问卷中,有效样本数量共有 39 个,本小区窗式通风器安装位置为西向靠路的卧室外窗。将统计结果整理为表 6 - 10 所示。

从表 6 - 10 中得知,平时使用通风器用户所占比例为 72.9%,不使用该装置的用户比例为 24.3%,另外有约 1% 的用户不清楚通风器怎样使用。

关于使用通风器后室内的通风效果,通过问卷调查发现,67.6% 的用户认为通风效果明显, 16.2% 的用户认为通风效果不好,另外有 16.2% 的用户觉得使用窗式通风器与否,对室内的通风状况没有特别的感受。从各个单体户型分析,本项目只有西向用户安装了通风器,因此户型的差别对通风器的通风效果可认为并无影响。

开启通风器后,43.6% 的住户认为房间内噪音较小,和关闭外窗的效果差不多,25.6% 的用户认为通风器开启与否对室内噪音的影响没有引起特别的感觉,30.8% 的用户认为开启通风器后会引起室内噪音增大。

30.8% 的用户觉得通风器容易清洗,41% 的用户认为通风器不方便清洗,另外有 25.6% 和 2.6% 的用户没有清洗过及不知怎样进行清洗维护。建议安装通风器后,能安排专业人员指导通风器的使用和维护。

3. 总结

通过对几个物业项目现场调研及与物管人员座谈发现,被动式绿色建筑技术措施如风环境模拟优化建筑布局,在实际使用中可获得较好的效果,太阳能热水系统节电效果明显,但需注意购买的设备质量,否则易发生漏水。储水罐的位置在设计阶段时则要考虑放置在安全且方便检修的地方;太阳能地灯、指示牌、路灯构件易损坏,使用效果不稳定,建议以后不采用这个技术。

另外通过 2 个项目使用通风器的用户调查结果显示,60% 以上的用户反馈使用窗式通风器后通风效果是较明显的,肯定了它的通风效果。

项目 D 项目调查的对象中 54.8% 的用户认为房间内噪音较小,和关闭外窗的效果差不多, 18.3% 的用户认为开启通风器后会引起室内噪音增大;项目 C 项目调查的对象中 43.6% 的用户认为房间内噪音较小,和关闭外窗的效果差不多,30.8% 的用户认为开启通风器后会引起室内噪音增大。从这些数据可以看出,通风器还是有较好的隔音效果。

通过 2 个项目的调查结果总结关于窗式通风器的清洗问题,用户的反馈意见中,认为不方便清洗及没有清洗、不知道怎样清洗的用户占到了一半以上的比例,认为容易清洗的比例不足 30%, 建议在销售及后期维护管理过程中,能安排专业人员指导住户对通风器的使用和维护,这样有助于更好地发挥窗式通风器的作用。

表6-10 项目C问卷调查统计结果

项目类别		平时您的房间窗式通风器的使用情况				开启窗式通风器后，您感觉房间通风效果如何？			开启窗式通风器后，您感觉房间噪音情况如何？			窗式通风器的清洗方便吗？			
		A 经常开	B 经常不开	C 有时	D 不清楚怎样使用	A 好，通风效果明显	B 不好	C 没有特别的感觉	A 噪音小，跟关窗效果差不多	B 不好，外界噪音会传进房间	C 没有特别的感觉	A 方便	B 不方便	C 没有清洗过	D 不清楚怎样使用
总计	总户数	16	9	11	1	25	6	6	17	12	10	12	16	10	1
	比例	43.2%	24.3%	29.7%	2.7%	67.6%	16.2%	16.2%	43.6%	30.8%	25.6%	30.8%	41.0%	25.6%	2.6%
B户型	户数	5	3	7	1	10	3	3	7	6	3	3	9	4	0
	比例	31.3%	18.8%	43.8%	6.3%	62.5%	18.8%	18.8%	43.8%	37.5%	18.8%	18.8%	56.3%	25.0%	0.0%
C户型	户数	11	6	4	0	15	3	3	10	6	7	9	7	6	1
	比例	52.4%	28.6%	19.0%	0.0%	71.4%	14.3%	14.3%	43.5%	26.1%	30.4%	39.1%	30.4%	26.1%	4.3%

6.8　华南地区适用的绿色技术

通过几个绿色建筑项目的实际调研以及对其设计资料进行分析,可以得出,绿色建筑设计应立足于本地气候特点,重点应用隔热、通风等被动式的建筑节能技术;建议项目采用土建装修一体化设计,降低住宅建设与使用过程中的材料消耗,同时为提高居室声、光、热等物理环境的舒适性,对项目进行通风、采光、日照模拟优化设计,并且采用这些技术不需要增加任何的建筑成本。对外围护结构、管井隔声、楼板做法等实用措施进行完善;在室外空间设置雨水收集系统,中水采用小区生活污水,通过处理后用于室外绿化浇洒、道路冲洗、车库地面冲洗等,这些都是低成本、可大量复制的且实际使用效果好的一些绿色建筑技术,值得在华南地区普及、推广采用。华南地区适用的绿色技术汇总见表6-11。

表6-11　华南地区适用的绿色技术汇总

技术措施			华南地区适用技术内容
节地与室外环境	规划设计系统	场地原生态保护	场地建设对生态系统干扰最小的建筑规划(水系、原生绿地保留与补偿)
		规划指标的满足	人均居住用地指标、绿地率、人均公共绿地面积
		地下空间利用	地下/半地下车库、设备用房、自行车库的立体停车(局部)
		公共服务设施	公共设施共享
		公共交通	住区出入口到达公共交通站点的步行距离不超过500m
		绿色交通	①连续遮阴人行道 ②便捷、可遮阳、避雨、无障碍的公共交通接驳方式
		无障碍设施	无障碍设置满足规范设计要求,关注残疾人
	室外环境保护系统	场地生态化建设	①土壤、水体的保护、保留和复用 ②采用尽量多的透水地面,如采用植草砖、公共绿地,降低热岛效应,减少地表径流,增加雨水入渗 ③利用绿化、良好通风、透水地面、浅色饰面等措施减少热岛效应 ④场地风环境优化,增加小区外环境舒适性。可利用CFD模拟技术进行分析
		绿化种植系统	①乡土植物选择,保留原生植物 ②使用屋顶绿化,隔热材料厚度一般要求达到30mm以上 ③园林绿化遮阳,设置遮阳、避雨的走廊、雨棚等 ④绿化优化配置技术(乔、灌、草结合＋连续遮阴＋防风＋喜阴喜阳区分)
		防止污染系统	①防止光污染技术(玻璃反光率选择) ②合理规划布局各功能建筑,将易产生污染的建筑或设施远离居住区,或采取措施进行隔离,使污染物对居民的影响最小化;基于声环境模拟技术的噪声污染防治技术 ③防止空气污染(空调器高位排热＋新风口选择) ④水质保障
		垃圾处理系统	①垃圾源头深度分类收集 ②垃圾压缩处理 ③有机垃圾生化处理
		绿色施工技术	土方平衡、生态保护和水土保持污染控制(污水、噪声、尘土、固体废弃物等)

技术措施			华南地区适用技术内容	
节能与能源利用	能源供给系统	可再生能源系统	①太阳能生活热水系统 ②被动采光技术(地下室和室内自然采光) ③自然通风技术(建筑单体外部良好的自然通风、地下室和室内自然通风),可通过优化建筑布局、朝向以及采用 CFD 模拟技术分析实现	
		热水器	空气源热泵热水器	
	建筑设计及构造系统	墙体系统	①节能墙体材料 ②浅色饰面 ③隔热涂料 ④东、西外墙适用保温砂浆,内保温隔热	
		门窗(玻璃)系统	①Low-E 玻璃门窗,热环境与声环境不利点选择中空玻璃 ②控制窗墙面积比 ③尽量增加外窗可开启面积	
		屋面系统	①倒置式屋面 ②遮阳屋面(百叶遮阳、植物遮阳) ③高太阳能反射率屋面	
		遮阳系统	①建筑构件遮阳(走廊、阳台等) ②水平或垂直固定外遮阳 ③中空玻璃内置百叶中间遮阳	
		单体要求	合理设计建筑体形、朝向、楼距	
	设备系统	采暖空调系统	①集中空调系统时,所选用冷水机组或单元式空调机组性能系数、能效比符合国家标准 ②设置室温调节和计量设施,每户可独立调节 ③选用效率高的系统 ④使用新风换气机等能量回收系统	
		照明系统	①高效光源、高效灯具和低损耗的镇流器 ②节能控制措施 ③使用采光井、光导管等措施自然采光	
		运行管理系统	运行设备控制	①智能化照明控制技术(光控、时控与人员感测监控)(公共部分) ②控制调节系统(供气、供水、供电、供热设备监控)(公共部分)
			分户计量、分室控温技术	分类、分层、分户计量收费系统

技术措施		华南地区适用技术内容
节水与水资源利用	设备	管网避免漏损 ①给水系统优先利用市政管网压力 ②合理设计供水压力,避免供水压力持续高压或压力骤变。优先采用变频供水、管网叠压供水等节能的供水技术 ③采用高效低耗设备,如选用性能高的阀门、零泄露阀门等,例如在冲洗排水阀、消火栓、通气阀的阀前增设软密封闭阀或蝶阀,且符合现行产品行业标准的要求 ④根据给水系统的用水量和水压要求,选择节能型水泵,水泵应长时间在高效区运行 ⑤采取减压限流的节水措施,居住建筑生活给水系统用水点处供水压力不大于0.2MPa ⑥根据水平衡测试标准安装分级计量水表,安装率达100%。另住宅建筑每个居住单元和景观、灌溉等不同用途的供水均应设置水表 ⑦合理设置检修阀门位置及数量,降低检修时泄水量 ⑧采取有效的防腐、保护措施 ⑨采用管道涂衬技术、新型管道及连接技术 ⑩使用节水器具和设备
	非传统水源的利用	①人工湿地处理雨水及建筑中水 ②景观用水采用非传统水源 ③绿化用水、洗车用水采用非传统水源
	给水系统	①绿化灌溉采取节水高效灌溉方式 ②对不同使用用途和不同计费单位分别设水表统计用水量,实现"用者付费",达到节水目的
	增加雨水渗透	①下凹式绿地 ②植草砖 ③铺地材质选用多孔材质 ④渗透式雨水井、雨水渗透管
	水质安全	①合理选用再生水处理技术 ②非传统水源采取用水安全保障措施,确保水质安全
节材与材料资源利用	建筑材料	①优先选用当地材料 ②材料中有害物质含量符合国家标准 ③考虑使用可再循环材料 ④利用可再利用材料 ⑤选用以废弃物为原料的建筑材料 ⑥现浇混凝土采用预拌混凝土
	造型要素	造型设计　　造型要素简约
	结构体系	①优化结构体系降低资源消耗及对环境的影响 ②采用钢结构、非黏土砖砌体结构、木结构、预制混凝土结构 ③结构材料选用高性能混凝土、高强度钢筋
	施工控制	①固体废弃物分类处理 ②可再利用材料、可再循环材料回收和再利用 ③土建与装修一体化设计或套餐式装修

技术措施			华南地区适用技术内容
室内环境质量	室内环境质量营造	日照	①朝向、间距、相对位置合理确定,优化户型 ②日照模拟优化设计
		采光	保证窗地比满足要求,采光模拟优化设计
		隔声减噪	①室外声环境改善措施(声屏障、绿化隔离带等、微地形隔噪) ②门窗隔声(不利点设置双层窗或通风隔声窗) ③管道与设备隔声(隔振器、消声、吸声器与吸声材料) ④楼板隔声(使用木地板或浮筑楼板) ⑤选择具有合理隔声性能的围护结构构造 ⑥室外基于声环境模拟技术的噪声污染防治技术
		自然通风	①增加通风开口面积 ②通过优化设计、模拟技术,优化室外自然风场 ②合理设计窗的开启方式和位置,增强室内通风
		空气污染物	污染源(建筑材料、室内设施)防治
		视野	①合理的间距 ②合理的开窗形式 ③明卫设计
		隔热	通过隔热验算确定合理构造,可使用内保温砂浆隔热
	设备系统		①集中采暖(空调)住宅,室温调节系统 ②可调节外遮阳、中间遮阳装置 ③置换式健康新风系统 ④空气质量智能检测装置
运营管理	物业部门		①制定实施节能、节水、节材与绿化管理制度 ②住宅水、电、燃气分户、分类计量与收费 ③物业管理部门通过 ISO14001 环境管理体系认证 ④管道施工图详细注明设备和管道的安装位置,便于后期检修与改造
	垃圾管理系统		①设置封闭垃圾容器,袋装化生活垃圾 ②分类收集,防止二次污染,垃圾房设置风道或排风、冲洗和排水设施 ③存放垃圾及时清运,可生物降解垃圾生化处理
	绿化管理系统		①小区绿化及时养护、管理、保洁、更新、修理,使树木生长状况良好 ②采用无公害病虫害防治技术,规范杀虫剂、除草剂、化肥和农药等化学药品的使用
	智能化系统		①设置安全防范系统 ②设置管理监控系统 ③设置通信网络系统

第7章 绿色建筑方案优选指南

通过对绿色建筑评价标准的详细解析和对获得绿色建筑标识的建筑项目进行调研、适用性分析之后,按照不同星级标准制定各个相应的绿色建筑方案优选指南。其中一星、二星级别在广东省内进行评审,因此相应的以《DBJ/T 15 - 83—2011 广东省绿色建筑评价标准》为准,见表 7 - 1;三星级现阶段需要中国绿色建筑与节能专业委员会、中国城市科学研究会组织专家评审,以《GB/T 50378—2006 绿色建筑评价标准》为准。

该方案优选指南中的增量成本是参考现有规范、越秀地产绿色建筑项目以及其他地产商建设的绿色建筑项目的统计数据,经过分析和归类,总结出来的。因各个项目的特点、条件以及规模大小均不相同,实际发生的成本会与本章数值稍有偏差,但本章的增量成本平均数值仍具有参考价值,增量成本以申报的建筑面积计算。(说明:有些条文是否产生增量成本存在争议,如有些内容是规范中的强制性条文,理论上设计、施工需要满足,但由于种种原因,现实中的非绿色建筑并没有按照规范要求进行,因此这种情形下,本章中将此类条文要求也计算了增量成本)

表 7 - 1 划分绿色建筑等级的项数要求(住宅建筑)

等级	一般项数(共44项)						优选项数(共9项)
	节地与室外环境(共9项)	节能与能源利用(共8项)	节水与水资源利用(共6项)	节材与材料资源利用(共7项)	室内环境质量(共7项)	运营管理(共7项)	
一星B	2	1	1	1	1	2	
一星A	4	2	3	3	2	4	1
二星B	4	3	3	3	3	4	2
二星A	5	4	4	4	4	5	3
三星	6	5	5	5	5	6	5

7.1 一星级绿色建筑方案优选指南

7.1.1 一星B绿色建筑方案优选指南

表 7 - 2 一星B绿色建筑方案优选指南

指标名称	类别	条文	一星B推荐组合	技术内容	增量成本(元/m²)	涉及专业、单位	控制阶段
节地与室外环境	控制项	4.1.1 场地建设不破坏当地文物、自然水系、湿地、基本农田、森林和其他保护区	控制项需全部满足	利用原有场地自然生态条件,适当保留原生地貌。规划设计避免破坏原生水系及其走向	无	规划、施工	规划、施工
		4.1.2 建筑场地选址无洪涝灾害、泥石流及含氡土壤的威胁。建筑场地安全范围内无电磁辐射危害和火、爆、有毒物质等危险源		土壤含氡浓度检测报告	无	业主	规划

指标名称	类别	条文	一星B推荐组合	技术内容	增量成本（元/m²）	涉及专业、单位	控制阶段
		4.1.3　人均居住用地指标：低层不高于43 m²、多层不高于28m²、中高层不高于24 m²、高层不高于15 m²		核算人均用地指标或划分出符合申报要求的部分区域	无	规划、建筑	规划、初设、施工图
		4.1.4　住区建筑布局保证室内外的日照环境、采光和通风的要求，日照间距等相关指标满足所在城市（地级以上）现行控制性详细规划要求		日照模拟分析，计算并分析场地日照小时数	无	规划、建筑	规划、初设、施工图
		4.1.5　种植适应本地气候和土壤条件的乡土植物，采取措施确保植物的存活率，减少病虫害，抵抗自然灾害，并合理控制绿化与景观的造价。不得移植野生植物（包括花草、树木）和树龄超过30年的树木		种植适应广东当地气候和土壤条件的乡土植物	无	景观、业主	初设、施工图、施工
		4.1.6　住区的绿地率不低于30%，人均公共绿地面积不低于1m²		绿地率指标计算	无	规划、景观	规划、初设、施工图
		4.1.7　住区内无排放超标的污染源		合理规划布局各功能建筑，对学校噪音、油烟未达标排放的厨房、车库，超标排放的垃圾站、垃圾处理场及其他项目等可能污染源进行处理	无	规划、建筑	规划、初设、施工图
		4.1.8　施工过程中制定并实施保护环境的具体措施，控制由于施工引起的大气污染、土壤污染、噪声影响、水污染、光污染以及对场地周边区域的影响		合理施工（设计不参评）	无	施工	施工
		4.1.9　住区内无障碍设施满足《JGJ 50—2001 城市道路和建筑物无障碍设计规范》的要求		满足规范要求	无	建筑	初设、施工图

指标名称	类别	条文	一星B推荐组合	技术内容	增量成本（元/m²）	涉及专业、单位	控制阶段
	一般项	4.1.10 住区公共服务设施按规划配建,合理采用综合建筑并与周边地区共享,配置满足规范要求,与周边相关城市设施协调互补,相关项目合理集中设置	基本要求:至少满足2条一般项,对于交通便利的住宅,推荐满足4.1.10条、4.1.16条,不产生增量成本。对于交通不便利的住宅,推荐满足4.1.10条、4.1.14条或4.1.15条,不产生增量成本。根据项目自身条件,可判别4.1.12条是否满足要求	社区资源共享	无	规划、建筑	初设、施工图
		4.1.11 充分利用尚可使用的旧建筑		旧建筑利用可行性分析及旧建筑改造	无	规划、建筑	初设、施工图
		4.1.12 住区环境噪声符合现行国家标准《GB 3096—2008 城市区域环境噪声标准》的规定		强噪声源掩蔽措施,基于声环境优化的场地分布,降噪路面等	0～1	建筑	初设、施工图
		4.1.13 采取有效措施改善住区室外热环境,住区日平均热岛强度不高于1.5℃		小区自然通风,较大面积绿地、水体,浅色饰面,景观遮阳等	无	规划、建筑、景观	规划、初设、施工图
		4.1.14 建筑布局、体形充分考虑建筑室内过渡季、夏季的自然通风。住区风环境有利于室外行走舒适,建筑物周围人行区距地1.5m高处,风速大于5m/s的概率小于15%,放大系数不大于2.0		通风环境模拟技术	无	建筑	初设、施工图
		4.1.15 根据本地的气候条件和植物自然分布特点,栽植多种类型植物,乔、灌、草、喜阴植物结合构成多层次的植物群落,每100m²绿地上不少于3株乔木或不少于1株榕树类树木		景观复层绿化设计	无	景观	初设、施工图
		4.1.16 场地规划依据人车分行原则,合理组织交通系统。住区出入口到达公共交通站点的步行最长距离不超过500m		住区出入口规划合理	无	规划、建筑	规划、初设、施工图
		4.1.17 住区非机动车道路、地面停车场和其他硬质铺地采用透水地面(公共绿地、绿化地面、镂空铺地)的面积占室外地面总面积的比大于45%		绿地、植草砖等	3	景观	初设、施工图
		4.1.18 充分利用园林绿化提供夏季遮阳,充分设置遮阳、避雨的走廊、雨篷等		景观设计遮阳等设施	无	景观	初设、施工图

指标名称	类别	条文	一星 B 推荐组合	技术内容	增量成本（元/m²）	涉及专业、单位	控制阶段
节能与能源利用	优选项	4.1.19 开发利用地下空间。住区建设中车库、设备用房等宜利用地下空间	该等级对优选项无要求	地下空间设计	无	建筑	初设、施工图
		4.1.20 合理选用废弃场地进行建设。对已被污染的废弃地进行处理并达到有关标准		和地块性质有关	无	规划、建筑	规划、初设、施工图
	控制项	4.2.1 住宅建筑热工设计和暖通空调设计符合《DBJ15 - 50—2006〈夏热冬暖地区居住建筑节能设计标准〉广东省实施细则》的规定	控制项需全部满足	居住建筑围护结构的热工性能参数严格按照国家或地方的居住建筑节能设计标准的要求来设定	无	建筑、暖通	初设、施工图
		4.2.2 当采用集中空调系统时,所选用的冷水机组或单元式空调机组的性能系数、能效比符合现行国家标准《DBJ15 - 51—2007〈公共建筑节能设计标准〉广东省实施细则》中的有关规定值,应在进行逐项逐时冷负荷计算的基础上选择空调制冷机组		冷负荷计算书,性能系统、COP 参数	无	暖通	初设、施工图
		4.2.3 采用集中空调系统的住宅,应设置室温调节设施。采用区域供冷的应设置冷量计量装置		设调节温度或者风量、水量的措施,如遥控器和液晶温控器(三速开关)联控;区域供冷时设置流量计等措施	无	暖通	初设、施工图
	一般项	4.2.4 利用场地自然条件,合理设计建筑体形、朝向、楼距和窗墙（地）面积比,使住宅获得良好的日照、通风和采光,并根据需要设遮阳设施	基本要求:至少满足1条一般项: 推荐满足4.2.4条,不产生增量成本,需提供模拟报告及计算文件	合理规划建筑布局,保证足够的楼距,建构开敞的空间。建筑单体设计时,体形系数、朝向、窗墙面积比和外窗可开启面积满足建筑节能设计标准的参数要求	无	建筑、暖通	初设、施工图
		4.2.5 选用效率高的用能设备和系统。集中采暖系统热水循环水泵的耗电输热比,集中空调系统风机单位风量耗功率和冷热水输送能效比符合《DBJ15 -51—2007〈公共建筑节能设计标准〉广东省实施细则》的规定	对于不能满足4.2.4条的住宅,推荐满足4.2.7条,不产生增量成本	输配系统节能技术	无	暖通	初设、施工图

指标名称	类别	条文	一星 B 推荐组合	技术内容	增量成本（元/m²）	涉及专业、单位	控制阶段
		4.2.6　当采用集中空调系统时，所选用的冷水机组或单元式空调机组的性能系数、能效比比《DBJ15 - 51—2007〈公共建筑节能设计标准〉广东省实施细则》中的有关规定值高一个等级		空调（制冷、热）系统节能控制技术	无	暖通	初设、施工图
		4.2.7　公共场所和公共部位的照明采用高效光源、高效灯具和低损耗镇流器等附件，并采取其他节能控制措施，在有自然采光的区域设定时或光电控制		节能灯，智能照明节能控制技术	无	电气	初设、施工图
		4.2.8　采用集中空调系统的住宅，设置能量回收系统（装置）		新风换气机等	5	暖通	初设、施工图
		4.2.9　根据当地气候和自然资源条件，充分利用太阳能、地热能等可再生能源。可再生能源的使用量占建筑总能耗的比例大于 5% ，或 50% 以上的生活热水由可再生能源提供		太阳能热水系统等	30	建筑、给排水	初设、施工图
		4.2.10　住宅的屋顶采用绿化隔热措施的面积达到可采用面积的 40% 以上，或者东、西外墙采用绿化隔热措施的面积达到可采用面积的 30% 以上		屋顶绿化、垂直绿化	3	建筑、景观	初设、施工图
		4.2.11　住宅墙面采用浅色外饰面（太阳辐射吸收系数 ρ 小于 0.4）的面积达到墙面面积的 80% 以上，或者 75% 以上的窗户进行有效的遮阳		浅色外饰面、遮阳	浅色隔热涂料:6 遮阳:70～500（构件面积）	建筑	初设、施工图
	优选项	4.2.12　采用对比评定法，按《DBJ15 - 50—2006〈夏热冬暖地区居住建筑节能设计标准〉广东省实施细则》规定的计算条件计算，所涉及建筑的采暖和（或）空调能耗不超过"参照建筑"能耗的 80%	该等级对优选项无要求	优化围护结构、控制窗墙比	30～60	建筑、暖通	初设、施工图
		4.2.13　可再生能源的使用量占建筑总能耗的比例大于 10% ，或 80% 以上的生活热水由可再生能源提供		太阳能热水系统等	30	建筑、给排水	初设、施工图

指标名称	类别	条文	一星B推荐组合	技术内容	增量成本（元/m²）	涉及专业、单位	控制阶段
节水与水资源利用	控制项	4.3.1 在方案、规划阶段，根据本地水资源状况、气候特征，以"低质低用，优质优用"原则，制定合理的建筑水（环境）系统规划方案	控制项需全部满足	提供水系统规划方案专篇报告	无	给排水	规划、初设、施工图
		4.3.2 采取有效措施避免管网漏损		密封性能好的给水塑料管道系统、阀门；合理设计供水压力，水计量，管道基础处理和覆土控制	无	给排水	初设、施工图
		4.3.3 采用节水器具和设备		节水龙头、便器、淋浴器	无	给排水	初设、施工图
		4.3.4 景观用水不应采用市政供水和自备地下水井供水		收集利用雨水、中水回用	无	给排水	初设、施工图
		4.3.5 使用非传统水源时，采取用水安全保障措施，且不得对人体健康与周围环境产生不良影响		消毒、杀菌，非传统用水安全保障，水源水质保障	无	给排水	初设、施工图
		4.3.6 采取有效措施，使得污水、不污染雨水等可再利用的水资源，尽量减少雨水流入污水管网		如雨水、污水分流等	无	给排水	初设、施工图
		4.3.7 有污染的自来水出水口应采取有效隔离措施		如设置隔离水箱等	无	给排水	初设、施工图
	一般项	4.3.8 合理设计雨水（包括地面雨水、建筑屋面雨水）的径流控制利用途径，减少雨水受污染几率，削减雨洪峰流量	基本要求：至少满足1条一般项： 推荐满足4.3.8条，产生增量成本较少，约3元/m²，需提供雨水系统规划方案报告。对于不能满足4.3.8条的住宅，推荐满足4.3.10条，产生增量成本较少，2～5元/m²	雨水入渗等	3	规划、建筑、给排水、景观	初设、施工图
		4.3.9 绿化用水、洗车用水等非饮用用水采用再生水、雨水等非传统水源		雨水利用、中水回用	5～10	建筑、给排水、景观	初设、施工图
		4.3.10 绿化灌溉采用喷灌、微灌等高效节水灌溉方式		喷灌、微灌	2～5	给排水、景观	初设、施工图
		4.3.11 非饮用水采用再生水时，优先利用附近集中再生水厂的再生水；附近没有集中再生水厂时，通过技术经济比较，合理选择其他再生水水源和处理技术		中水处理回用	5～10	给排水、专业公司	初设、施工图

指标名称	类别	条文	一星B推荐组合	技术内容	增量成本（元/m²）	涉及专业、单位	控制阶段
	优选项	4.3.12　通过技术经济比较，合理确定雨水集蓄及利用方案		雨水收集利用规划	5～10	建筑、给排水、专业公司	初设、施工图
		4.3.13　非传统水源利用率不低于10%，或者30%的杂用水采用非传统水源		绿化、道路冲洗等	5～10	建筑、给排水、专业公司	初设、施工图
		4.3.14　非传统水源利用率不低于30%，或者70%的杂用水采用非传统水源	该等级对优选项无要求	绿化、道路冲洗、冲厕等	10～20	建筑、给排水、专业公司	初设、施工图
节材与材料资源利用	控制项	4.4.1　建筑材料中有害物质含量符合现行国家标准 GB 18580～GB18588 和《GB 6566—2001 建筑材料放射性核素限量》的要求	控制项需全部满足	检测报告（设计不参评）	无	业主	施工、竣工
		4.4.2　建筑造型要素简约，无大量装饰性构件。女儿墙高度未超过规范要求的2倍		造型节材	无	建筑、结构	初设、施工图
	一般项	4.4.3　施工现场500km以内生产的建筑材料重量占建筑材料总重量的70%以上		就地取材	无	业主、施工单位	施工阶段
		4.4.4　现浇混凝土采用预拌混凝土		设计说明注明采用预拌混凝土	无	结构	初设、施工图
		4.4.5　6层以上的钢筋混凝土建筑，建筑结构材料合理采用高性能混凝土、高强度钢		高性能混凝土、高强度钢	5～10	建筑、结构	初设、施工图
		4.4.6　对建筑施工、旧建筑拆除和场地清理产生的固体废弃物分类处理；建筑施工、旧建筑拆除和场地清理产生的固体废弃物（含可再利用材料、可再循环材料）回收利用率不低于20%	基本要求：至少满足1条一般项：推荐满足4.4.4条，不产生增量成本	材料回收再利用（设计不参评）	无	施工单位	施工阶段
		4.4.7　在保证再循环使用材料的安全性和保证环保性前提下，设计过程考虑选用具有可再循环使用的建筑材料，并且设计方案中使用了可再循环材料；工程材料决算清单中的可再循环材料重量占所用建筑材料总重量的比例不低于10%		充分使用金属材料（钢材、铜）、玻璃、石膏制品、木材	无	建筑、结构、概算	施工图、施工阶段

指标名称	类别	条文	一星B推荐组合	技术内容	增量成本（元/m²）	涉及专业、单位	控制阶段
		4.4.8 土建与装修工程一体化设计施工，不破坏和拆除已有的建筑构件及设施		精装修，或套餐式装修模式、建筑构件及预制化技术	无	建筑、装修	施工图、装修设计阶段
		4.4.9 在保证性能、安全性和健康环保的前提下，使用以废弃物为原料生产的建筑材料，其用量占同类建筑材料的比例不低于30%		废弃物生产的建筑材料利用（设计不参评）	无	施工单位	施工阶段
	优选项	4.4.10 采用资源消耗和环境影响小的建筑结构体系，并对结构体系进行了优化，或者采用工业化住宅建筑体系	该等级对优选项无要求	钢结构、木结构、砌体结构、预制混凝土结构	10	建筑、结构	方案、初设、施工图
		4.4.11 可再利用建筑材料的使用率大于5%		砌块、砖石、管道、板材、木地板、木制品（门窗）、钢材、钢筋、部分装饰材料等可再利用材料。（设计不参评）	无	施工单位	施工阶段
室内环境质量	控制项	4.5.1 住宅建筑的日照满足所在城市（地级以上）现行详细控规要求。当该城市无具体要求时，每套住宅至少有1个居住空间满足《GB 50180—1993 城市居住区规划设计规范》中有关住宅建筑日照标准的要求	控制项需全部满足	日照分析报告	无	规划、建筑	规划、初设、施工图
		4.5.2 卧室、起居室（厅）、书房、厨房设置外窗，卧室、主起居室（客厅）、书房的采光系数不低于现行国家标准《GB 50033—2001 建筑采光设计标准》的规定		门窗表面积比、窗地面积比、采光模拟报告	无	建筑	初设、施工图
		4.5.3 对建筑围护结构采取有效的隔声、减噪措施。卧室的允许噪声级在关窗状态下白天不大于45 dB(A)，夜间不大于37dB(A)。起居室的允许噪声级在关窗状态下白天和夜间不大于45 dB(A)。楼板和分户墙的空气声计权隔声量＋粉红噪声频谱修正量不小于45dB，楼板的计权标准化撞击声声压级不大于75dB。户门的空气声计权隔声量＋粉红噪声频谱修正量不小于25dB；外窗的空气声计权隔声量＋粉红噪声频谱修正量不小于25dB，沿交通干线时的噪声频谱修正量不小于30dB		平面设计优化、绿化隔声、门窗、楼板隔声、减噪措施，设备间的防振、减噪措施；隔声量计算报告	铺设木地板时无增量成本；毛坯或者采用地砖装修时，增加约30元/m²	建筑、装修	初设、施工图、精装修阶段

指标名称	类别	条文	一星B推荐组合	技术内容	增量成本（元/m²）	涉及专业、单位	控制阶段
		4.5.4　居住空间能自然通风,通风开口面积不小于该房间地板面积的10%,或者达到外门窗面积的45%以上		增加门窗可开启面积	无	建筑	初设、施工图
		4.5.5　室内游离甲醛、苯、氨、氡和TVOC等空气污染物浓度符合现行国家标准《GB 50325—2001民用建筑室内环境污染控制规范》的规定		检测报告（设计不参评）	无	业主、装修、施工单位	装修、施工
		4.5.6　首层卧室、起居室、半地下、地下空间采取有效措施防止发霉		使用密封性能好的门窗、使用易于清洁的瓷砖或涂料、吸湿性面层材料	无	建筑、装修	初设、施工图、装修
	一般项	4.5.7　居住空间开窗具有良好的视野,且避免户间居住空间的视线干扰。当1套住宅设有2个及2个以上卫生间时,至少有1个卫生间设有外窗	基本要求:至少满足1条一般项: 推荐满足4.5.8条,不产生增量成本,且各个建筑按节能标准均能满足要求	视野优化及私密性	无	规划、建筑	规划、初设、施工图
		4.5.8　在自然通风条件下,房间的屋顶和东、西外墙内表面的最高温度满足现行国家标准《GB 50176—93民用建筑热工设计规范》的夏季隔热要求		隔热	无	建筑	初设、施工图
		4.5.9　设集中采暖和(或)空调系统(设备)的住宅,运行时各个房间用户均可根据需要对所在房间室温进行调控		室温可调	无	暖通	初设、施工图
		4.5.10　住宅的卧室、起居室外窗均采用可调节外遮阳或中间遮阳设施,防止夏季太阳辐射透过窗户玻璃直接进入室内。可调节遮阳充分考虑遮阳效果、自然采光和视觉影响等因素		构造遮阳、百叶、卷帘外遮阳、百叶中间遮阳	70～500（构件面积）	建筑	初设、施工图
		4.5.11　采取有效措施防止春季泛潮、发霉		采用室外饰面材料或容易清洗的材料,使用密封性能好的门窗	无	建筑、装修	初设、施工图、装修
		4.5.12　多层及高层建筑采取有效措施防止风啸声发生		使用密封性能好的门窗	无	建筑	初设、施工图
		4.5.13　设置通风换气装置或室内空气质量监测装置		新风换气系统,室内污染CO_2浓度监控系统	10	暖通	初设、施工图

指标名称	类别	条文	一星B推荐组合	技术内容	增量成本（元/m²）	涉及专业、单位	控制阶段
	优选项	4.5.14 卧室、起居室（厅）使用蓄能、调湿或改善室内空气质量的功能材料	该等级对优选项无要求	空气净化功能纳米复相涂覆材料、产生负离子功能材料、稀土激活保健抗菌材料、光触媒、竹炭等材料（设计不参评）	5	建筑、装修	初设、施工图、装修
运营管理	控制项	4.6.1 制定并实施节能、节水、节材与绿化管理制度	控制项需全部满足	管理制度	无	物业公司	建筑使用阶段
		4.6.2 住宅的水、电、燃气表具齐全，且实行分户、分类计量与收费		每户设置电表、水表、燃气表	无	设备各专业、物业公司	施工图、建筑使用阶段
		4.6.3 制定垃圾分类及收集管理制度，对垃圾物流进行有效控制，对有用废品进行分类收集，对有害废弃物实行控制，禁止出现垃圾无序倾倒和二次污染		垃圾管理制度、垃圾深度分类收集方案	无	物业公司	建筑使用阶段
		4.6.4 设置密闭的垃圾容器，并有严格的保洁清洗措施，生活垃圾袋装化存放。垃圾容器的数量、外观色彩及标志应符合垃圾分类收集的要求，规格应符合国家有关标准		垃圾站清洗设施	无	物业公司	建筑使用阶段
		4.6.5 住区设置应急广播系统		设计应急广播系统	0～8	电气	施工图、建筑使用阶段
	一般项	4.6.6 垃圾站（间）设冲洗和排水设施。能及时（至少每天一次）清运存放垃圾、不污染环境、不散发臭味	基本要求：至少满足2条一般项；由于设计阶段一般项参评的共2条，因此满足1条即可达标。推荐满足4.6.12条，不产生增量成本	垃圾站清洗设施	无	给排水、物业公司	施工图、建筑使用阶段
		4.6.7 智能化系统定位正确，采用的技术先进、实用、可靠，达到安全防范子系统、管理与设备监控子系统与信息网络子系统的基本配置要求		安全防范子系统、信息网络子系统、信息管理子系统	无	电气	施工图、建筑使用阶段
		4.6.8 采用无公害病虫害防治技术，规范杀虫剂、除草剂、化肥、农药等化学药品的使用，有效避免对土壤和地下水等环境的损害		绿化管理制度	无	物业公司	建筑使用阶段
		4.6.9 保证树木有较高的成活率，植物生长状态良好		绿化维护	无	物业公司	建筑使用阶段

指标 名称	类别	条文	一星 B 推荐组合	技术内容	增量成本 （元/m²）	涉及专业、 单位	控制阶段
		4.6.10　物业管理部门通过 ISO14001 环境管理体系认证		绿色物业管理	无	物业公司	建筑使用阶段
		4.6.11　垃圾分类收集率（实行垃圾分类收集的住户占总住户数的比例）达 90%以上		垃圾管理制度	无	物业公司	建筑使用阶段
		4.6.12　设备、管道的设置方便维修、改造和更换		应将管井设置在公共部位，属公共使用功能的设备、管道设置在公共部位，以便于日常维修与更换	无	建筑、设备各专业	施工图、建筑使用阶段
	优选项	4.6.13　对可生物降解垃圾进行单独收集或设置可生物降解垃圾处理房。垃圾收集或垃圾处理房设有风道或排风、冲洗和排水设施，处理过程无二次污染	该等级对优选项无要求	有机垃圾生化处理技术（设计标识不参评）	5	建筑、物业公司	施工图、建筑使用阶段
汇总	一星 B 绿色建筑，精装修时：参考增量成本 0～30 元/m²。毛坯时：参考增量成本 30～65 元/m²。 注明：以上数据不包含咨询费用、评审费用						

7.1.2　一星 A 绿色建筑方案优选指南

表 7 - 3　一星 A 绿色建筑方案优选指南

指标 名称	类别	条文	一星 A 推荐组合	技术内容	增量成本 （元/m²）	涉及专业、 单位	控制阶段
节地与室外环境	控制项	4.1.1　场地建设不破坏当地文物、自然水系、湿地、基本农田、森林和其他保护区		利用原有场地自然生态条件，适当保留原生地貌。规划设计避免破坏原生水系及其走向	无	规划、施工单位	规划、施工
		4.1.2　建筑场地选址无洪涝灾害、泥石流及含氡土壤的威胁。建筑场地安全范围内无电磁辐射危害和火、爆、有毒物质等危险源	控制项需全部满足	土壤含氡浓度检测报告	无	业主	规划
		4.1.3　人均居住用地指标：低层不高于 43m²、多层不高于 28m²、中高层不高于 24m²、高层不高于 15m²		核算人均用地指标或划分出符合申报要求的部分区域	无	规划、建筑	规划、初设、施工图

指标名称	类别	条文	一星A推荐组合	技术内容	增量成本（元/m²）	涉及专业、单位	控制阶段
		4.1.4 住区建筑布局保证室内外的日照环境、采光和通风的要求，日照间距等相关指标满足所在城市（地级以上）现行控制性详细规划要求		日照模拟分析，计算并分析场地日照小时数	无	规划、建筑	规划、初设、施工图
		4.1.5 种植适应本地气候和土壤条件的乡土植物，采取措施确保植物的存活率，减少病虫害，抵抗自然灾害，并合理控制绿化与景观的造价。不得移植野生植物（包括花草、树木）和树龄超过30年的树木		种植适应广东当地气候和土壤条件的乡土植物	无	景观、业主	初设、施工图、施工
		4.1.6 住区的绿地率不低于30%，人均公共绿地面积不低于1m²		绿地率指标计算	无	规划、景观	规划、初设、施工图
		4.1.7 住区内无排放超标的污染源		合理规划布局各功能建筑，对学校噪音、油烟未达标排放的厨房、车库，超标排放的垃圾站，垃圾处理场及其他项目等可能污染源进行处理	无	规划、建筑	规划、初设、施工图
		4.1.8 施工过程中制定并实施保护环境的具体措施，控制由于施工引起的大气污染、土壤污染、噪声影响、水污染、光污染以及对场地周边区域的影响		合理施工（设计不参评）	无	施工单位	施工
		4.1.9 住区内无障碍设施满足《JGJ 50—2001 城市道路和建筑物无障碍设计规范》的要求		满足规范要求	无	建筑	初设、施工图
	一般项	4.1.10 住区公共服务设施按规划配建，合理采用综合建筑并与周边地区共享，配置满足规范要求，与周边相关城市设施协调互补，相关项目合理集中设置	基本要求：至少满足4条一般项：根据项目条件及特点，推荐满足4.1.10条、4.1.14条、4.1.15条、4.1.16条、4.1.17条、4.1.18条中的4条，根据项目自	社区资源共享	无	规划、建筑	初设、施工图
		4.1.11 充分利用尚可使用的旧建筑		旧建筑利用可行性分析及旧建筑改造	无	规划、建筑	初设、施工图

指标名称	类别	条文	一星 A 推荐组合	技术内容	增量成本（元/m²）	涉及专业、单位	控制阶段
		4.1.12　住区环境噪声符合现行国家标准《GB 3096—2008 城市区域环境噪声标准》的规定	身条件,可判别4.1.12 条是否满足要求。产生增量成本在 0～3 元/m²	强噪声源掩蔽措施,基于声环境优化的场地分布,降噪路面等	0～1	建筑	初设、施工图
		4.1.13　采取有效措施改善住区室外热环境,住区日平均热岛强度不高于 1.5℃		小区自然通风,较大面积绿地、水体,浅色饰面,景观遮阳等	无	规 划、建 筑、景观	规划、初设、施工图
		4.1.14　建筑布局、体形充分考虑建筑室内过渡季、夏季的自然通风。住区风环境有利于室外行走舒适,建筑物周围人行区距地 1.5 m 高处,风速大于 5 m/s 的概率小于 15%,放大系数不大于 2.0		通风环境模拟技术	无	建筑	初设、施工图
		4.1.15　根据本地的气候条件和植物自然分布特点,栽植多种类型植物,乔、灌、草、喜阴植物结合构成多层次的植物群落,每 100 m² 绿地上不少于 3 株乔木或不少于 1 株榕树类树木		景观复层绿化设计	无	景观	初设、施工图
		4.1.16　场地规划依据人车分行原则,合理组织交通系统。住区出入口到达公共交通站点的步行最长距离不超过 500m		住区出入口规划合理	无	规划、建筑	规划、初设、施工图
		4.1.17　住区非机动车道路、地面停车场和其他硬质铺地采用透水地面（公共绿地、绿化地面、镂空铺地）的面积占室外地面总面积的比大于 45%		绿地、植草砖等	3	景观	初设、施工图
		4.1.18　充分利用园林绿化提供夏季遮阳,充分设置遮阳、避雨的走廊、雨棚等		景观设计遮阳等设施	无	景观	初设、施工图
	优选项	4.1.19　开发利用地下空间。住区建设中车库、设备用房等宜利用地下空间	优选项共需满足 1 条:　推荐满足4.1.19 条	地下空间设计	无	建筑	初设、施工图
		4.1.20　合理选用废弃场地进行建设。对已被污染的废弃地进行处理并达到有关标准		和地块性质有关		规划、建筑	规划、初设、施工图

143

指标名称	类别	条文	一星 A 推荐组合	技术内容	增量成本（元/m²）	涉及专业、单位	控制阶段
节能与能源利用	控制项	4.2.1 住宅建筑热工设计和暖通空调设计符合《DBJ15 - 50—2006〈夏热冬暖地区居住建筑节能设计标准〉广东省实施细则》的规定	控制项需全部满足	居住建筑围护结构的热工性能参数严格按照国家或地方的居住建筑节能设计标准的要求来设定	无	建筑、暖通	初设、施工图
		4.2.2 当采用集中空调系统时，所选用的冷水机组或单元式空调机组的性能系数、能效比符合现行国家标准《DBJ15 - 51—2007〈公共建筑节能设计标准〉广东省实施细则》中的有关规定值，应在进行逐项逐时冷负荷计算的基础上选择空调制冷机组		冷负荷计算书，性能系统、COP 参数	无	暖通	初设、施工图
		4.2.3 采用集中空调系统的住宅，应设置室温调节设施。采用区域供冷的应设置冷量计量装置		设调节温度或者风量、水量的措施，如遥控器和液晶温控器（三速开关）联控；区域供冷时设置流量计等措施	无	暖通	初设、施工图
	一般项	4.2.4 利用场地自然条件，合理设计建筑体形、朝向、楼距和窗墙（地）面积比，使住宅获得良好的日照、通风和采光，并根据需要设遮阳设施	基本要求：至少满足 2 条一般项：推荐满足 4.2.4 条、4.2.7 条不产生增量成本。另外看项目自身条件是否满足 4.2.10 条；当住宅未采用集中空调系统时，基本要求：至少满足 1 条一般项即可：推荐满足 4.2.4 条或 4.2.7 条不产生增量成本	合理规划建筑布局，保证足够的楼距，建构开敞的空间。建筑单体设计时，体形系数、朝向、窗墙面积比和外窗可开启面积满足建筑节能设计标准的参数要求	无	建筑、暖通	初设、施工图
		4.2.5 选用效率高的用能设备和系统。集中采暖系统热水循环水泵的耗电输热比，集中空调系统风机单位风量耗功率和冷热水输送能效比符合《DBJ15 - 51—2007〈公共建筑节能设计标准〉广东省实施细则》的规定		输配系统节能技术	无	暖通	初设、施工图
		4.2.6 当采用集中空调系统时，所选用的冷水机组或单元式空调机组的性能系数、能效比比《DBJ15 - 51—2007〈公共建筑节能设计标准〉广东省实施细则》中的有关规定值高一个等级		空调（制冷、热）系统节能控制技术	无	暖通	初设、施工图

指标名称	类别	条文	一星 A 推荐组合	技术内容	增量成本（元/m²）	涉及专业、单位	控制阶段
		4.2.7　公共场所和公共部位的照明采用高效光源、高效灯具和低损耗镇流器等附件，并采取其他节能控制措施，在有自然采光的区域设定时或光电控制时		节能灯、智能照明节能控制技术	无	电气	初设、施工图
		4.2.8　采用集中空调系统的住宅，设置能量回收系统（装置）		新风换气机等	5	暖通	初设、施工图
		4.2.9　根据当地气候和自然资源条件，充分利用太阳能、地热能等可再生能源。可再生能源的使用量占建筑总能耗的比例大于 5%，或 50% 以上的生活热水由可再生能源提供		太阳能热水系统等	30	建筑、给排水	初设、施工图
		4.2.10　住宅的屋顶采用绿化隔热措施的面积达到可采用面积的 40% 以上，或者东、西外墙采用绿化隔热措施的面积达到可采用面积的 30% 以上		屋顶绿化、垂直绿化	3	建筑、景观	初设、施工图
		4.2.11　住宅墙面采用浅色外饰面（太阳辐射吸收系数 ρ 小于 0.4）的面积达到墙面面积的 80% 以上，或者 75% 以上的窗户进行有效的遮阳		浅色外饰面、遮阳	浅色隔热涂料:6 遮阳:70～500（构件面积）	建筑	初设、施工图
	优选项	4.2.12　采用对比评定法，按《DBJ15 – 50—2006〈夏热冬暖地区居住建筑节能设计标准〉广东省实施细则》规定的计算条件计算，所涉及建筑的采暖和（或）空调能耗不超过"参照建筑"能耗的 80%	该等级已选择满足 4.1.19 条，对该类别优选项无要求	优化围护结构、控制窗墙比	30～60	建筑、暖通	初设、施工图
		4.2.13　可再生能源的使用量占建筑总能耗的比例大于 10%，或 80% 以上的生活热水由可再生能源提供		太阳能热水系统等	30	建筑、给排水	初设、施工图

指标名称	类别	条文	一星A推荐组合	技术内容	增量成本（元/m²）	涉及专业、单位	控制阶段
节水与水资源利用	控制项	4.3.1 在方案、规划阶段，根据本地水资源状况、气候特征，以"低质低用，优质优用"原则，制定合理的建筑水（环境）系统规划方案	控制项需全部满足	提供水系统规划方案专篇报告	无	给排水	规划、初设、施工图
		4.3.2 采取有效措施避免管网漏损		密封性能好的给水塑料管道系统、阀门；合理设计供水压力，水计量，管道基础处理和覆土控制	无	给排水	初设、施工图
		4.3.3 采用节水器具和设备		节水龙头、坐便器、淋浴器	无	给排水	初设、施工图
		4.3.4 景观用水不应采用市政供水和自备地下水井供水		收集利用雨水、中水回用	无	给排水	初设、施工图
		4.3.5 使用非传统水源时，采取用水安全保障措施，且不得对人体健康与周围环境产生不良影响		消毒、杀菌，非传统用水安全保障，水源水质保障	无	给排水	初设、施工图
		4.3.6 采取有效措施，使得污水不污染雨水等可再利用的水资源，尽量减少雨水流入污水管网		如雨水、污水分流等	无	给排水	初设、施工图
		4.3.7 有污染的自来水出水口应采取有效隔离措施		如设置隔离水箱等	无	给排水	初设、施工图
	一般项	4.3.8 合理设计雨水（包括地面雨水、建筑屋面雨水）的径流控制利用途径，减少雨水受污染几率，削减雨洪峰流量	基本要求：至少满足3条一般项；推荐满足4.3.8条、4.3.9条、4.3.12条，产生增量成本较少，为5～10元/m²	雨水入渗等	3	规划、建筑、给排水、景观	初设、施工图
		4.3.9 绿化用水、洗车用水等非饮用用水采用再生水、雨水等非传统水源		雨水利用、中水回用	5～10	建筑、给排水、景观	初设、施工图
		4.3.10 绿化灌溉采用喷灌、微灌等高效节水灌溉方式		喷灌、微灌	2～5	给排水、景观	初设、施工图
		4.3.11 非饮用水采用再生水时，优先利用附近集中再生水厂的再生水；附近没有集中再生水厂时，通过技术经济比较，合理选择其他再生水水源和处理技术		中水处理回用	5～10	给排水、专业公司	初设、施工图

146

续表 7 - 3

指标名称	类别	条文	一星 A 推荐组合	技术内容	增量成本（元/m²）	涉及专业、单位	控制阶段
	优选项	4.3.12　通过技术经济比较,合理确定雨水集蓄及利用方案		雨水收集利用规划	5～10	建筑、给排水、专业公司	初设、施工图
		4.3.13　非传统水源利用率不低于10%,或者30%的杂用水采用非传统水源		绿化、道路冲洗等	5～10	建筑、给排水、专业公司	初设、施工图
		4.3.14　非传统水源利用率不低于30%,或者70%的杂用水采用非传统水源	该等级已选择满足 4.1.19 条,对该类别优选项无要求	绿化、道路冲洗、冲厕等	10～20	建筑、给排水、专业公司	初设、施工图
节材与材料资源利用	控制项	4.4.1　建筑材料中有害物质含量符合现行国家标准 GB 18580 ～ GB 18588 和《GB 6566—2001 建筑材料放射性核素限量》的要求	控制项需全部满足	检测报告（设计不参评）	无	业主	施工、竣工
		4.4.2　建筑造型要素简约,无大量装饰性构件。女儿墙高度未超过规范要求的 2 倍		造型节材	无	建筑、结构	初设、施工图
	一般项	4.4.3　施工现场 500km 以内生产的建筑材料重量占建筑材料总重量的 70% 以上	基本要求:至少满足 3 条一般项;设计标识阶段的基本要求:至少满足 1 条一般项;推荐满足 4.4.4 条,不产生增量成本。运行标识阶段:推荐满足 4.4.4 条、4.4.8 条(毛坯交楼时可选4.4.3 条)、4.4.6 条 (或4.4.9条),不产生增量成本	就地取材	无	业主、施工单位	施工阶段
		4.4.4　现浇混凝土采用预拌混凝土		设计说明注明采用预拌混凝土	无	结构	初设、施工图
		4.4.5　6 层以上的钢筋混凝土建筑,建筑结构材料合理采用高性能混凝土、高强度钢		高性能混凝土、高强度钢	5～10	建筑、结构	初设、施工图
		4.4.6　对建筑施工、旧建筑拆除和场地清理产生的固体废弃物分类处理;建筑施工、旧建筑拆除和场地清理产生的固体废弃物(含可再利用材料、可再循环材料)回收利用率不低于20%		材料回收再利用（设计不参评）	无	施工单位	施工阶段

指标名称	类别	条文	一星 A 推荐组合	技术内容	增量成本（元/m²）	涉及专业、单位	控制阶段
		4.4.7 在保证再循环使用材料的安全性和保证环保性前提下，设计过程考虑选用具有可再循环使用的建筑材料，并且设计方案中使用了可再循环材料；工程材料决算清单中的可再循环材料重量占所用建筑材料总重量的比例不低于10%		充分使用金属材料（钢材、铜）、玻璃、石膏制品、木材	无	建筑、结构、概算	施工图、施工阶段
		4.4.8 土建与装修工程一体化设计施工，不破坏和拆除已有的建筑构件及设施		精装修或套餐式装修模式、建筑构件及预制化技术	无	建筑、装修	施工图、装修设计阶段
		4.4.9 在保证性能、安全性和健康环保的前提下，使用以废弃物为原料生产的建筑材料，其用量占同类建筑材料的比例不低于30%		废弃物生产的建筑材料利用（设计不参评）	无	施工单位	施工阶段
	优选项	4.4.10 采用资源消耗少和对环境影响小的建筑结构体系，并对结构体系进行了优化，或者采用工业化住宅建筑体系	该等级已选择满足 4.1.19 条，对该类别优选项无要求	钢结构、木结构、砌体结构、预制混凝土结构	10	建筑、结构	方案、初设、施工图
		4.4.11 可再利用建筑材料的使用率大于5%		砌块、砖石、管道、板材、木地板、木制品（门窗）、钢材、钢筋、部分装饰材料等可再利用材料（设计不参评）	无	施工单位	施工阶段
室内环境质量	控制项	4.5.1 住宅建筑的日照满足所在城市（地级以上）现行详细控规要求。当该城市无具体要求时，每套住宅至少有 1 个居住空间满足《GB 50180—1993 城市居住区规划设计规范》中有关住宅建筑日照标准的要求	控制项需全部满足	日照分析报告	无	规划、建筑	规划、初设、施工图
		4.5.2 卧室、起居室(厅)、书房、厨房设置外窗，卧室、主起居室（客厅）、书房的采光系数不低于现行国家标准《GB 50033—2001 建筑采光设计标准》的规定		门窗表面积比、窗地面积比、采光模拟报告	无	建筑	初设、施工图

指标名称	类别	条文	一星 A 推荐组合	技术内容	增量成本（元/m²）	涉及专业、单位	控制阶段
		4.5.3 对建筑围护结构采取有效的隔声、减噪措施。卧室的允许噪声级在关窗状态下白天不大于 45 dB(A)，夜间不大于 37dB(A)。起居室的允许噪声级在关窗状态下白天和夜间不大于 45 dB(A)。楼板和分户墙的空气声计权隔声量 + 粉红噪声频谱修正量不小于 45dB，楼板的计权标准化撞击声声压级不大于 75dB。户门的空气声计权隔声量 + 粉红噪声频谱修正量不小于 25dB；外窗的空气声计权隔声量 + 粉红噪声频谱修正量的噪声频谱修正量不小于 25dB，沿交通干线时的噪声频谱修正量不小于 30dB		平面设计优化,绿化隔声,门窗、楼板隔声、减噪措施,设备间的防振、减噪措施；隔声量计算报告	铺设木地板时无增量成本；毛坯或者采用地砖装修时,增加约 30 元/m²	建筑、装修	初设、施工图、精装修阶段
		4.5.4 居住空间能自然通风,通风开口面积不小于该房间地板面积的 10%,或者达到外门窗面积的 45% 以上		增加门窗可开启面积	无	建筑	初设、施工图
		4.5.5 室内游离甲醛、苯、氨、氡和 TVOC 等空气污染物浓度符合现行国家标准《GB 50325—2010 民用建筑室内环境污染控制规范》的规定		检测报告（设计不参评）	无	业主、装修、施工单位	装修、施工
		4.5.6 首层卧室、起居室、半地下、地下空间采取有效措施防止发霉		使用密封性能好的门窗、使用易于清洁的瓷砖或涂料、吸湿性面层材料	无	建筑、装修	初设、施工图、装修
	一般项	4.5.7 居住空间开窗具有良好的视野,且避免户间居住空间的视线干扰。当 1 套住宅设有 2 个及 2 个以上卫生间时,至少有 1 个卫生间设有外窗	基本要求:至少满足 2 条一般项：推荐满足 4.5.8 条、4.5.9 条,不产生增量成本。当项目条件允许时,可满足 4.5.7 条	视野优化及私密性	无	规划、建筑	规划、初设、施工图
		4.5.8 在自然通风条件下,房间的屋顶和东、西外墙内表面的最高温度满足现行国家标准《GB 50176—93 民用建筑热工设计规范》的夏季隔热要求		隔热	无	建筑	初设、施工图

指标名称	类别	条文	一星A推荐组合	技术内容	增量成本（元/m²）	涉及专业、单位	控制阶段
		4.5.9　设集中采暖和（或）空调系统（设备）的住宅，运行时各个房间用户均可根据需要对所在房间室温进行调控		室温可调	无	暖通	初设、施工图
		4.5.10　住宅的卧室、起居室外窗均采用可调节外遮阳或中间遮阳设施，防止夏季太阳辐射透过窗户玻璃直接进入室内。可调节遮阳充分考虑遮阳效果、自然采光和视觉影响等因素		构造遮阳、百叶、卷帘外遮阳、百叶中间遮阳	70 ～ 500元/m²（构件面积）	建筑	初设、施工图
		4.5.11　采取有效措施防止春季泛潮、发霉		采用室外饰面材料或容易清洗的材料，使用密封性能好的门窗	无	建筑、装修	初设、施工图、装修
		4.5.12　多层及高层建筑采取有效措施防止风啸声发生		使用密封性能好的门窗	无	建筑	初设、施工图
		4.5.13　设置通风换气装置或室内空气质量监测装置		新风换气系统，室内污染CO_2浓度监控系统	10	暖通	初设、施工图
	优选项	4.5.14　卧室、起居室（厅）使用蓄能、调湿或改善室内空气质量的功能材料	该等级已选择满足4.1.19条，对该类别优选项无要求	空气净化功能纳米复相涂覆材料、产生负离子功能材料、稀土激活保健抗菌材料、光触媒、竹炭等材料（设计不参评）	5	建筑、装修	初设、施工图、装修
运营管理	控制项	4.6.1　制定并实施节能、节水、节材与绿化管理制度		管理制度	无	物业公司	建筑使用阶段
		4.6.2　住宅的水、电、燃气表具齐全，且实行分户、分类计量与收费		每户设置电表、水表、燃气表	无	设备各专业、物业公司	施工图、建筑使用阶段
		4.6.3　制定垃圾分类及收集管理制度，对垃圾物流进行有效控制，对有用废品进行分类收集，对有害废弃物实行控制，禁止出现垃圾无序倾倒和二次污染	控制项需全部满足	垃圾管理制度、垃圾深度分类收集方案	无	物业公司	建筑使用阶段
		4.6.4　设置密闭的垃圾容器，并有严格的保洁清洗措施，生活垃圾袋装化存放。垃圾容器的数量、外观色彩及标志应符合垃圾分类收集的要求，规格应符合国家有关标准		垃圾站清洗设施	无	物业公司	建筑使用阶段

指标名称	类别	条文	一星A推荐组合	技术内容	增量成本（元/m²）	涉及专业、单位	控制阶段
	一般项	4.6.5 住区设置应急广播系统		设计应急广播系统	0～8	电气	施工图、建筑使用阶段
		4.6.6 垃圾站(间)设冲洗和排水设施。能及时(至少每天一次)清运存放垃圾、不污染环境、不散发臭味	基本要求：至少满足4条一般项；设计标识阶段的基本要求：至少满足1条一般项；推荐满足4.6.12条,不产生增量成本。项目条件允许时,可满足4.6.7条。运行标识阶段：推荐满足4.6.6条、4.6.8条、4.4.9条、4.6.12条,不产生增量成本	垃圾站清洗设施	无	给排水,物业公司	施工图、建筑使用阶段
		4.6.7 智能化系统定位正确,采用的技术先进、实用、可靠,达到安全防范子系统、管理与设备监控子系统与信息网络子系统的基本配置要求		安全防范子系统、信息网络子系统、信息管理子系统	无	电气	施工图、建筑使用阶段
		4.6.8 采用无公害病虫害防治技术,规范杀虫剂、除草剂、化肥、农药等化学药品的使用,有效避免对土壤和地下水环境的损害		绿化管理制度	无	物业公司	建筑使用阶段
		4.6.9 保证树木有较高的成活率,植物生长状态良好		绿化维护	无	物业公司	建筑使用阶段
		4.6.10 物业管理部门通过ISO14001环境管理体系认证		绿色物业管理	无	物业公司	建筑使用阶段
		4.6.11 垃圾分类收集率(实行垃圾分类收集的住户占总住户数的比例)达90%以上		垃圾管理制度	无	物业公司	建筑使用阶段
		4.6.12 设备、管道的设置方便维修、改造和更换		应将管道设置在公共部位,属公共使用功能的设备;管道设置在公共部位,以便于日常维修与更换	无	建筑、设备各专业	施工图、建筑使用阶段
	优选项	4.6.13 对可生物降解垃圾进行单独收集或设置可生物降解垃圾处理房。垃圾收集或垃圾处理房设有风道或排风、冲洗和排水设施,处理过程无二次污染	该等级已选择满足4.1.19条,对该类别优选项无要求	有机垃圾生化处理技术(设计标识不参评)	5	建筑,物业公司	施工图、建筑使用阶段
汇总		一星A绿色建筑:精装修时:参考增量成本0～35元/m²。毛坯时:参考增量成本30～65元/m²。 注明:以上数据不包含咨询费用、评审费用					

7.2 二星级绿色建筑方案优选指南

7.2.1 二星 B 绿色建筑方案优选指南

表 7-4 二星 B 绿色建筑方案优选指南

指标名称	类别	条文	二星 B 推荐组合	技术内容	增量成本（元/m²）	涉及专业、单位	控制阶段
节地与室外环境	控制项	4.1.1 场地建设不破坏当地文物、自然水系、湿地、基本农田、森林和其他保护区	控制项需全部满足	利用原有场地自然生态条件,适当保留原生地貌。规划设计避免破坏原生水系及其走向	无	规划、施工单位	规划、施工
		4.1.2 建筑场地选址无洪涝灾害、泥石流及含氡土壤的威胁。建筑场地安全范围内无电磁辐射危害和火、爆、有毒物质等危险源		土壤含氡浓度检测报告	无	业主	规划
		4.1.3 人均居住用地指标:低层不高于 43m²、多层不高于 28m²、中高层不高于 24m²、高层不高于 15m²		核算人均用地指标或划分出符合申报要求的部分区域	无	规划、建筑	规划、初设、施工图
		4.1.4 住区建筑布局保证室内外的日照环境、采光和通风的要求,日照间距等相关指标满足所在城市(地级以上)现行控制性详细规划要求		日照模拟分析,计算并分析场地日照小时数	无	规划、建筑	规划、初设、施工图
		4.1.5 种植适应本地气候和土壤条件的乡土植物,采取措施确保植物的存活率,减少病虫害,抵抗自然灾害,并合理控制绿化与景观的造价。不得移植野生植物(包括花草、树木)和树龄超过 30 年的树木		种植适应广东当地气候和土壤条件的乡土植物	无	景观、业主	初设、施工图、施工
		4.1.6 住区的绿地率不低于 30%,人均公共绿地面积不低于 1m²		绿地率指标计算	无	规划、景观	规划、初设、施工图
		4.1.7 住区内无排放超标的污染源		合理规划布局各功能建筑,对学校噪音,油烟未达标排放的厨房、车库,超标排放的垃圾站,垃圾处理场及其他项目等可能污染源进行处理	无	规划、建筑	规划、初设、施工图

指标名称	类别	条文	二星 B 推荐组合	技术内容	增量成本（元/m²）	涉及专业、单位	控制阶段
		4.1.8　施工过程中制定并实施保护环境的具体措施，控制由于施工引起的大气污染、土壤污染、噪声影响、水污染、光污染以及对场地周边区域的影响		合理施工（设计不参评）	无	施工单位	施工
		4.1.9　住区内无障碍设施满足《JGJ 50—2001 城市道路和建筑物无障碍设计规范》的要求		满足规范要求	无	建筑	初设、施工图
	一般项	4.1.10　住区公共服务设施按规划配建，合理采用综合建筑并与周边地区共享，配置满足规范要求，与周边相关城市设施协调互补，相关项目合理集中设置	基本要求：至少满足 4 条一般项：根据项目条件及特点，推荐满足 4.1.10 条、4.1.14 条、4.1.15 条、4.1.16 条、4.1.17 条、4.1.18 条中的 4 条，产生增量成本在 0 ～ 3 元/m²	社区资源共享	无	规划、建筑	初设、施工图
		4.1.11　充分利用尚可使用的旧建筑		旧建筑利用可行性分析及旧建筑改造	无	规划、建筑	初设、施工图
		4.1.12　住区环境噪声符合现行国家标准《GB 3096—2008 城市区域环境噪声标准》的规定		强噪声源掩蔽措施，基于声环境优化的场地分布，降噪路面等	0 ～ 1	建筑	初设、施工图
		4.1.13　采取有效措施改善住区室外热环境，住区日平均热岛强度不高于 1.5℃		小区自然通风，较大面积绿地、水体，浅色饰面、景观遮阳等	无	规划、建筑、景观	规划、初设、施工图
		4.1.14　建筑布局、体形充分考虑建筑室内过渡季、夏季的自然通风。住区风环境有利于室外行走舒适，建筑物周围人行区距地 1.5m 高处，风速大于 5m/s 的概率小于 15%，放大系数不大于 2.0		通风环境模拟技术	无	建筑	初设、施工图
		4.1.15　根据本地的气候条件和植物自然分布特点，栽植多种类型植物，乔、灌、草、喜阴植物结合构成多层次的植物群落，每 100m² 绿地上不少于 3 株乔木或不少于 1 株榕树类树木		景观复层绿化设计	无	景观	初设、施工图

指标名称	类别	条文	二星 B 推荐组合	技术内容	增量成本（元/m²）	涉及专业、单位	控制阶段
	优选项	4.1.16 场地规划依据人车分行原则,合理组织交通系统。住区出入口到达公共交通站点的步行最长距离不超过 500m		住区出入口规划合理	无	规划、建筑	规划、初设、施工图
		4.1.17 住区非机动车道路、地面停车场和其他硬质铺地采用透水地面(公共绿地、绿化地面、镂空铺地)的面积占室外地面总面积的比大于45%		绿地、植草砖等	3	景观	初设、施工图
		4.1.18 充分利用园林绿化提供夏季遮阳,充分设置遮阳、避雨的走廊、雨棚等		景观设计遮阳等设施	无	景观	初设、施工图
		4.1.19 开发利用地下空间。住区建设中车库、设备用房等宜利用地下空间	设计标识优选项共需满足1条,推荐满足4.1.19条;运行标识优选项共需满足2条,推荐满足4.1.19条、4.6.13条	地下空间设计	无	建筑	初设、施工图
		4.1.20 合理选用废弃场地进行建设。对已被污染的废弃地,进行处理并达到有关标准		和地块性质有关		规划、建筑	规划、初设、施工图
节能与能源利用	控制项	4.2.1 住宅建筑热工设计和暖通空调设计符合《DBJ15－50—2006〈夏热冬暖地区居住建筑节能设计标准〉广东省实施细则》的规定	控制项需全部满足	居住建筑围护结构的热工性能参数严格按照国家或地方的居住建筑节能设计标准的要求来设定	无	建筑、暖通	初设、施工图
		4.2.2 当采用集中空调系统时,所选用的冷水机组或单元式空调机组的性能系数、能效比符合现行国家标准《DBJ15－51—2007〈公共建筑节能设计标准〉广东省实施细则》中的有关规定值,应在进行逐项逐时冷负荷计算的基础上选择空调制冷机组		冷负荷计算书,性能系数、COP 参数	无	暖通	初设、施工图
		4.2.3 采用集中空调系统的住宅,应设置室温调节设施。采用区域供冷的应设置冷量计量装置		设调节温度或者风量、水量的措施,如遥控器和液晶温控器(三速开关)联控;区域供冷时设置流量计等措施	无	暖通	初设、施工图

指标名称	类别	条文	二星B推荐组合	技术内容	增量成本（元/m²）	涉及专业、单位	控制阶段
一般项		4.2.4　利用场地自然条件，合理设计建筑体形、朝向、楼距和窗墙（地）面积比，使住宅获得良好的日照、通风和采光，并根据需要设遮阳设施	基本要求：至少满足3条一般项：推荐满足4.2.4条、4.2.5条、4.2.7条不产生增量成本。另外看项目自身条件是否满足4.2.10条；当住宅未采用集中空调系统时，基本要求：至少满足2条一般项即可：推荐满足4.2.4条、4.2.7条不产生增量成本	合理规划建筑布局，保证足够的楼距，建构开敞的空间。建筑单体设计时，体形系数、朝向、窗墙面积比和外窗可开启面积满足建筑节能设计标准的参数要求	无	建筑、暖通	初设、施工图
		4.2.5　选用效率高的用能设备和系统。集中采暖系统热水循环水泵的耗电输热比，集中空调系统风机单位风量耗功率和冷热水输送能效比符合《DBJ15-51—2007〈公共建筑节能设计标准〉广东省实施细则》的规定		输配系统节能技术	无	暖通	初设、施工图
		4.2.6　当采用集中空调系统时，所选用的冷水机组或单元式空调机组的性能系数、能效比比《DBJ15-51—2007〈公共建筑节能设计标准〉广东省实施细则》中的有关规定值高一个等级		空调（制冷、热）系统节能控制技术	无	暖通	初设、施工图
		4.2.7　公共场所和公共部位的照明采用高效光源、高效灯具和低损耗镇流器等附件，并采取其他节能控制措施，在有自然采光的区域设定时或光电控制时		节能灯，智能照明节能控制技术	无	电气	初设、施工图
		4.2.8　采用集中空调系统的住宅，设置能量回收系统（装置）		新风换气机等	5	暖通	初设、施工图
		4.2.9　根据当地气候和自然资源条件，充分利用太阳能、地热能等可再生能源。可再生能源的使用量占建筑总能耗的比例大于5%，或50%以上的生活热水由可再生能源提供		太阳能热水系统等	30	建筑、给排水	初设、施工图
		4.2.10　住宅的屋顶采用绿化隔热措施的面积达到可采用面积的40%以上，或者东、西外墙采用绿化隔热措施的面积达到可采用面积的30%以上		屋顶绿化、垂直绿化	3	建筑、景观	初设、施工图

指标名称	类别	条文	二星B推荐组合	技术内容	增量成本（元/m²）	涉及专业、单位	控制阶段
	优选项	4.2.11 住宅墙面采用浅色外饰面（太阳辐射吸收系数ρ小于0.4）的面积达到墙面面积的80%以上，或者75%以上的窗户进行有效的遮阳		浅色外饰面、遮阳	浅色隔热涂料:6遮阳:70～500（构件面积）	建筑	初设、施工图
		4.2.12 采用对比评定法，按《DBJ15－50—2006〈夏热冬暖地区居住建筑节能设计标准〉广东省实施细则》规定的计算条件计算，所涉及建筑的采暖和（或）空调能耗不超过"参照建筑"能耗的80%	该等级对该类别优选项无要求	优化围护结构、控制窗墙比	30～60	建筑、暖通	初设、施工图
		4.2.13 可再生能源的使用量占建筑总能耗的比例大于10%，或80%以上的生活热水由可再生能源提供		太阳能热水系统等	30	建筑、给排水	初设、施工图
节水与水资源利用	控制项	4.3.1 在方案、规划阶段，根据本地水资源状况、气候特征，以"低质低用，优质优用"原则，制定合理的建筑水（环境）系统规划方案		提供水系统规划方案专篇报告	无	给排水	规划、初设、施工图
		4.3.2 采取有效措施避免管网漏损		密封性能好的给水塑料管道系统、阀门;合理设计供水压力，水计量，管道基础处理和覆土控制	无	给排水	初设、施工图
		4.3.3 采用节水器具和设备	控制项需全部满足	节水龙头、坐便器、淋浴器	无	给排水	初设、施工图
		4.3.4 景观用水不应采用市政供水和自备地下水井供水		收集利用雨水、中水回用	无	给排水	初设、施工图
		4.3.5 使用非传统水源时，采取用水安全保障措施，且不得对人体健康与周围环境产生不良影响		消毒、杀菌，非传统用水安全保障，水源水质保障	无	给排水	初设、施工图
		4.3.6 采取有效措施，使得污水不污染雨水等可再利用的水资源，尽量减少雨水流入污水管网		如雨水、污水分流等	无	给排水	初设、施工图
		4.3.7 有污染的自来水出水口应采取有效隔离措施		如设置隔离水箱等	无	给排水	初设、施工图

156

指标名称	类别	条文	二星 B 推荐组合	技术内容	增量成本（元/m²）	涉及专业、单位	控制阶段
一般项		4.3.8　合理设计雨水（包括地面雨水、建筑屋面雨水）的径流控制利用途径，减少雨水受污染几率，削减雨洪峰流量	基本要求：至少满足 3 条一般项；推荐满足 4.3.8 条、4.3.9 条、4.3.12 条，产生增量成本较少，为 10 ～ 15 元/m²	雨水入渗等	3	规划、建筑、给排水、景观	初设、施工图
		4.3.9　绿化用水、洗车用水等非饮用水采用再生水、雨水等非传统水源		雨水利用、中水回用	5 ～ 10	建筑、给排水、景观	初设、施工图
		4.3.10　绿化灌溉采用喷灌、微灌等高效节水灌溉方式		喷灌、微灌	2 ～ 5	给排水、景观	初设、施工图
		4.3.11　非饮用水采用再生水时，优先利用附近集中再生水厂的再生水；附近没有集中再生水厂时，通过技术经济比较，合理选择其他再生水水源和处理技术		中水处理回用	5 ～ 10	给排水、专业公司	初设、施工图
		4.3.12　通过技术经济比较，合理确定雨水集蓄及利用方案		雨水收集利用规划	5 ～ 10	建筑、给排水、专业公司	初设、施工图
		4.3.13　非传统水源利用率不低于 10%，或者 30% 的杂用水采用非传统水源		绿化、道路冲洗等	5 ～ 10	建筑、给排水、专业公司	初设、施工图
	优选项	4.3.14　非传统水源利用率不低于 30%，或者 70% 的杂用水采用非传统水源	该等级对该类别优选项无要求	绿化、道路冲洗、冲厕等	10 ～ 20	建筑、给排水、专业公司	初设、施工图
节材与材料资源利用	控制项	4.4.1　建筑材料中有害物质含量符合现行国家标准 GB 18580 ～ GB 18588 和《GB 6566—2001 建筑材料放射性核素限量》的要求	控制项需全部满足	检测报告（设计不参评）	无	业主	施工、竣工
		4.4.2　建筑造型要素简约，无大量装饰性构件。女儿墙高度未超过规范要求的 2 倍		造型节材	无	建筑、结构	初设、施工图

指标名称	类别	条文	二星 B 推荐组合	技术内容	增量成本（元/m²）	涉及专业、单位	控制阶段
	一般项	4.4.3 施工现场 500km 以内生产的建筑材料重量占建筑材料总重量的 70% 以上	基本要求：至少满足 3 条一般项；设计标识阶段的基本要求：至少满足 1 条一般项；推荐满足 4.4.4 条，不产生增量成本。运行标识阶段：推荐满足 4.4.4 条、4.4.8 条（毛坯交楼时 4.4.3 条）、4.4.6 条（或 4.4.9 条），不产生增量成本	就地取材	无	业主、施工单位	施工阶段
		4.4.4 现浇混凝土采用预拌混凝土		设计说明注明采用预拌混凝土	无	结构	初设、施工图
		4.4.5 6 层以上的钢筋混凝土建筑，建筑结构材料合理采用高性能混凝土、高强度钢		高性能混凝土、高强度钢	5～10	建筑、结构	初设、施工图
		4.4.6 对建筑施工、旧建筑拆除和场地清理产生的固体废弃物分类处理；建筑施工、旧建筑拆除和场地清理产生的固体废弃物（含可再利用材料、可再循环材料）回收利用率不低于 20%		材料回收再利用（设计不参评）	无	施工单位	施工阶段
		4.4.7 在保证再循环使用材料的安全性和保证环保性前提下，设计过程考虑选用具有可再循环使用的建筑材料，并且设计方案中使用了可再循环材料；工程材料决算清单中的可再循环材料重量占所用建筑材料总重量的比例不低于 10%		充分使用金属材料（钢材、铜）、玻璃、石膏制品、木材	无	建筑、结构、概算	施工图、施工阶段
		4.4.8 土建与装修工程一体化设计施工，不破坏和拆除已有的建筑构件及设施		精装修或套餐式装修模式、建筑构件及预制化技术	无	建筑、装修	施工图、装修设计阶段
		4.4.9 在保证性能、安全性和健康环保的前提下，使用以废弃物为原料生产的建筑材料，其用量占同类建筑材料的比例不低于 30%		废弃物生产的建筑材料利用（设计不参评）	无	施工单位	施工阶段
	优选项	4.4.10 采用资源消耗少和对环境影响小的建筑结构体系，并对结构体系进行了优化，或者采用工业化住宅建筑体系	该等级对该类别优选项无要求	钢结构、木结构、砌体结构、预制混凝土结构	10	建筑、结构	方案、初设、施工图
		4.4.11 可再利用建筑材料的使用率大于 5%		砌块、砖石、管道、板材、木地板、木制品（门窗）、钢材、钢筋、部分装饰材料等可再利用材料（设计不参评）	无	施工单位	施工阶段

指标名称	类别	条文	二星 B 推荐组合	技术内容	增量成本（元/m²）	涉及专业、单位	控制阶段
室内环境质量	控制项	4.5.1　住宅建筑的日照满足所在城市（地级以上）现行详细控规要求。当该城市无具体要求时，每套住宅至少有 1 个居住空间满足《GB 50180 城市居住区规划设计规范》中有关住宅建筑日照标准的要求	控制项需全部满足	日照分析报告	无	规划、建筑	规划、初设、施工图
		4.5.2　卧室、起居室（厅）、书房、厨房设置外窗，卧室、主起居室（客厅）、书房的采光系数不低于现行国家标准《GB 50033 建筑采光设计标准》的规定		门窗表面积比、窗地面积比、采光模拟报告	无	建筑	初设、施工图
		4.5.3　对建筑围护结构采取有效的隔声、减噪措施。卧室的允许噪声级在关窗状态下白天不大于 45 dB(A)，夜间不大于 37dB(A)。起居室的允许噪声级在关窗状态下白天和夜间不大于 45 dB(A)。楼板和分户墙的空气声计权隔声量 + 粉红噪声频谱修正量不小于 45dB，楼板的计权标准化撞击声声压级不大于 75dB。户门的空气声计权隔声量 + 粉红噪声频谱修正量不小于 25dB；外窗的空气声计权隔声量 + 粉红噪声频谱修正量不小于 25dB，沿交通干线时的噪声频谱修正量不小于 30dB		平面设计优化，绿化隔声，门窗、楼板隔声、减噪措施，设备间的防振、减噪措施；隔声量计算报告	铺设木地板时无增量成本；毛坯或者采用地砖装修时，增加约 30 元/m²	建筑、装修	初设、施工图、精装修阶段
		4.5.4　居住空间能自然通风，通风开口面积不小于该房间地板面积的 10%，或者达到外门窗面积的 45% 以上		增加门窗可开启面积	无	建筑	初设、施工图
		4.5.5　室内游离甲醛、苯、氨、氡和 TVOC 等空气污染物浓度符合现行国家标准《GB 50325—2010 民用建筑室内环境污染控制规范》的规定		检测报告（设计不参评）	无	业主、装修、施工单位	装修、施工
		4.5.6　首层卧室、起居室、半地下、地下空间采取有效措施防止发霉		使用密封性能好的门窗、使用易于清洁的瓷砖或涂料、吸湿性面层材料	无	建筑、装修	初设、施工图、装修

指标名称	类别	条文	二星 B 推荐组合	技术内容	增量成本（元/m^2）	涉及专业、单位	控制阶段
	一般项	4.5.7 居住空间开窗具有良好的视野,且避免户间居住空间的视线干扰。当 1 套住宅设有 2 个及 2 个以上卫生间时,至少有 1 个卫生间设有外窗	基本要求:至少满足 3 条一般项: 推荐满足 4.5.7 条（或 4.5.12 条）、4.5.8 条、4.5.9 条,不产生增量成本	视野优化及私密性	无	规划、建筑	规划、初设、施工图
		4.5.8 在自然通风条件下,房间的屋顶和东、西外墙内表面的最高温度满足现行国家标准《GB 50176—1993 民用建筑热工设计规范》的夏季隔热要求		隔热	无	建筑	初设、施工图
		4.5.9 设集中采暖和（或）空调系统（设备）的住宅,运行时各个房间用户均可根据需要对所在房间室温进行调控		室温可调	无	暖通	初设、施工图
		4.5.10 住宅的卧室、起居室外窗均采用可调节外遮阳或中间遮阳设施,防止夏季太阳辐射透过窗户玻璃直接进入室内。可调节遮阳充分考虑遮阳效果、自然采光和视觉影响等因素		构造遮阳、百叶、卷帘外遮阳、百叶中间遮阳	70 ～ 500（构件面积）	建筑	初设、施工图
		4.5.11 采取有效措施防止春季泛潮、发霉		采用室外饰面材料或容易清洗的材料,使用密封性能好的门窗	无	建筑、装修	初设、施工图、装修
		4.5.12 多层及高层建筑采取有效措施防止风啸声发生		使用密封性能好的门窗	无	建筑	初设、施工图
		4.5.13 设置通风换气装置或室内空气质量监测装置		新风换气系统,室内污染 CO_2 浓度监控系统	10	暖通	初设、施工图
	优选项	4.5.14 卧室、起居室（厅）使用蓄能、调湿或改善室内空气质量的功能材料	该等级对该类别优选项无要求	空气净化功能纳米复相涂覆材料、产生负离子功能材料、稀土激活保健抗菌材料、光触媒、竹炭等材料（设计不参评）	5	建筑、装修	初设、施工图、装修

指标名称	类别	条文	二星 B 推荐组合	技术内容	增量成本（元/m²）	涉及专业、单位	控制阶段
运营管理	控制项	4.6.1 制定并实施节能、节水、节材与绿化管理制度	控制项需全部满足	管理制度	无	物业公司	建筑使用阶段
		4.6.2 住宅的水、电、燃气表具齐全，且实行分户、分类计量与收费		每户设置电表、水表、燃气表	无	设备各专业、物业公司	施工图、建筑使用阶段
		4.6.3 制定垃圾分类及收集管理制度，对垃圾物流进行有效控制，对有用废品进行分类收集，对有害废弃物实行控制，禁止出现垃圾无序倾倒和二次污染		垃圾管理制度、垃圾深度分类收集方案	无	物业公司	建筑使用阶段
		4.6.4 设置密闭的垃圾容器，并有严格的保洁清洗措施，生活垃圾袋装化存放。垃圾容器的数量、外观色彩及标志应符合垃圾分类收集的要求，规格应符合国家有关标准		垃圾站清洗设施	无	物业公司	建筑使用阶段
		4.6.5 住区设置应急广播系统		设计应急广播系统	0～8	电气	施工图、建筑使用阶段
	一般项	4.6.6 垃圾站(间)设冲洗和排水设施。能及时(至少每天一次)清运存放垃圾、不污染环境、不散发臭味	基本要求：至少满足 4 条一般项；设计标识阶段的基本要求：至少满足 1 条一般项；推荐满足 4.6.12 条，不产生增量成本。项目条件允许时，可满足 4.6.7 条。运行标识阶段：推荐满足 4.6.6 条、4.6.8 条、4.4.9 条、4.6.12 条，不产生增量成本	垃圾站清洗设施	无	给排水，物业公司	施工图、建筑使用阶段
		4.6.7 智能化系统定位正确，采用的技术先进、实用、可靠，达到安全防范子系统、管理与设备监控子系统与信息网络子系统的基本配置要求		安全防范子系统、信息网络子系统、信息管理子系统	无	电气	施工图、建筑使用阶段
		4.6.8 采用无公害病虫害防治技术，规范杀虫剂、除草剂、化肥、农药等化学药品的使用，有效避免对土壤和地下水环境的损害		绿化管理制度	无	物业公司	建筑使用阶段
		4.6.9 保证树木有较高的成活率，植物生长状态良好		绿化维护	无	物业公司	建筑使用阶段

指标名称	类别	条文	二星 B 推荐组合	技术内容	增量成本（元/m²）	涉及专业、单位	控制阶段
		4.6.10 物业管理部门通过 ISO14001 环境管理体系认证		绿色物业管理	无	物业公司	建筑使用阶段
		4.6.11 垃圾分类收集率（实行垃圾分类收集的住户占总住户数的比例）达90%以上		垃圾管理制度	无	物业公司	建筑使用阶段
		4.6.12 设备、管道的设置方便维修、改造和更换		应将管道设置在公共部位，属公共使用功能的设备、管道设置在公共部位，以便于日常维修与更换	无	建筑、设备	施工图、建筑使用阶段
	优选项	4.6.13 对可生物降解垃圾进行单独收集或设置可生物降解垃圾处理房。垃圾收集或垃圾处理房设有风道或排风、冲洗和排水设施，处理过程无二次污染	设计标识优选项共需满足1条，推荐满足4.1.19条；运行标识优选项共需满足2条，推荐满足4.1.19条、4.6.13条	有机垃圾生化处理技术（设计标识不参评）	5	建筑、物业公司	施工图、建筑使用阶段
汇总	二星 B 绿色建筑：精装修时：参考增量成本 0～35 元/m²。毛坯时：参考增量成本 30～65 元/m²。 注明：以上数据不包含咨询费用、评审费用						

7.2.2 二星A绿色建筑方案优选指南

表7-5 二星A绿色建筑方案优选指南

指标名称	类别	条文	二星 A 推荐组合	技术内容	增量成本（元/m²）	涉及专业、单位	控制阶段
节地与室外环境	控制项	4.1.1 场地建设不破坏当地文物、自然水系、湿地、基本农田、森林和其他保护区	控制项需全部满足	利用原有场地自然生态条件，适当保留原生地貌。规划设计避免破坏原生水系及其走向	无	规划、施工单位	规划、施工
		4.1.2 建筑场地选址无洪涝灾害、泥石流及含氡土壤的威胁。建筑场地安全范围内无电磁辐射危害和火、爆、有毒物质等危险源		土壤含氡浓度检测报告	无	业主	规划

指标名称	类别	条文	二星A推荐组合	技术内容	增量成本（元/m²）	涉及专业、单位	控制阶段
		4.1.3 人均居住用地指标：低层不高于43 m²、多层不高于28m²、中高层不高于24 m²、高层不高于15 m²		核算人均用地指标或划分出符合申报要求的部分区域	无	规划、建筑	规划、初设、施工图
		4.1.4 住区建筑布局保证室内外的日照环境、采光和通风的要求，日照间距等相关指标满足所在城市（地级以上）现行控制性详细规划要求		日照模拟分析，计算并分析场地日照小时数	无	规划、建筑	规划、初设、施工图
		4.1.5 种植适应本地气候和土壤条件的乡土植物，采取措施确保植物的存活率，减少病虫害，抵抗自然灾害，并合理控制绿化与景观的造价。不得移植野生植物（包括花草、树木）和树龄超过30年的树木		种植适应广东当地气候和土壤条件的乡土植物	无	景观、业主	初设、施工图、施工
		4.1.6 住区的绿地率不低于30%，人均公共绿地面积不低于1m²		绿地率指标计算	无	规划、景观	规划、初设、施工图
		4.1.7 住区内无排放超标的污染源		合理规划布局各功能建筑，对学校噪音、油烟未达标排放的厨房、车库，超标排放的垃圾站、垃圾处理场及其他项目等可能污染源进行处理	无	规划、建筑	规划、初设、施工图
		4.1.8 施工过程中制定并实施保护环境的具体措施，控制由于施工引起的大气污染、土壤污染、噪声影响、水污染、光污染以及对场地周边区域的影响		合理施工（设计不参评）	无	施工单位	施工
		4.1.9 住区内无障碍设施满足《JGJ 50—2001 城市道路和建筑物无障碍设计规范》的要求		满足规范要求	无	建筑	初设、施工图

指标名称	类别	条文	二星A推荐组合	技术内容	增量成本（元/m²）	涉及专业、单位	控制阶段
	一般项	4.1.10 住区公共服务设施按规划配建，合理采用综合建筑并与周边地区共享，配置满足规范要求，与周边相关城市设施协调互补，相关项目合理集中设置	基本要求：至少满足5条一般项：根据项目条件及特点，推荐满足4.1.10条、4.1.14条、4.1.15条、4.1.16条、4.1.17条、4.1.18条中的5条，产生增量成本在3～8元/m²。根据项目自身条件，可选择4.1.12条或4.1.13条	社区资源共享	无	规划、建筑	初设、施工图
		4.1.11 充分利用尚可使用的旧建筑		旧建筑利用可行性分析及旧建筑改造	无	规划、建筑	初设、施工图
		4.1.12 住区环境噪声符合现行国家标准《GB 3096—2008 城市区域环境噪声标准》的规定		强噪声源掩蔽措施，基于声环境优化的场地分布，降噪路面等	0～1	建筑	初设、施工图
		4.1.13 采取有效措施改善住区室外热环境，住区日平均热岛强度不高于1.5℃		小区自然通风，较大面积绿地、水体、浅色饰面、景观遮阳等	无	规划、建筑、景观	规划、初设、施工图
		4.1.14 建筑布局、体形充分考虑建筑室内过渡季、夏季的自然通风。住区风环境有利于室外行走舒适，建筑物周围人行区距地1.5m高处，风速大于5m/s的概率小于15%，放大系数不大于2.0		通风环境模拟技术	无	建筑	初设、施工图
		4.1.15 根据本地的气候条件和植物自然分布特点，栽植多种类型植物，乔、灌、草、喜阴植物结合构成多层次的植物群落，每100m²绿地上不少于3株乔木或不少于1株榕树类树木		景观复层绿化设计	无	景观	初设、施工图
		4.1.16 场地规划依据人车分行原则，合理组织交通系统。住区出入口到达公共交通站点的步行最长距离不超过500m		住区出入口规划合理	无	规划、建筑	规划、初设、施工图
		4.1.17 住区非机动车道路、地面停车场和其他硬质铺地采用透水地面（公共绿地、绿化地面、镂空铺地）的面积占室外地面总面积的比大于45%		绿地、植草砖等	3	景观	初设、施工图
		4.1.18 充分利用园林绿化提供夏季遮阳，充分设置遮阳、避雨的走廊、雨篷等		景观设计遮阳等设施	无	景观	初设、施工图

指标名称	类别	条文	二星A推荐组合	技术内容	增量成本（元/m²）	涉及专业、单位	控制阶段
节能与能源利用	优选项	4.1.19 开发利用地下空间。住区建设中车库、设备用房等宜利用地下空间	设计标识优选项共需满足2条，推荐满足4.1.19条、4.2.12条；运行标识优选项共需满足3条，推荐满足4.1.19条、4.2.12条、4.6.13条	地下空间设计	无	建筑	初设、施工图
		4.1.20 合理选用废弃场地进行建设。对已被污染的废弃地进行处理并达到有关标准		和地块性质有关		规划、建筑	规划、初设、施工图
	控制项	4.2.1 住宅建筑热工设计和暖通空调设计符合《DBJ15-50—2006〈夏热冬暖地区居住建筑节能设计标准〉广东省实施细则》的规定	控制项需全部满足	居住建筑围护结构的热工性能参数严格按照国家或地方的居住建筑节能设计标准的要求来设定	无	建筑、暖通	初设、施工图
		4.2.2 当采用集中空调系统时，所选用的冷水机组或单元式空调机组的性能系数、能效比符合现行国家标准《DBJ15-51—2007〈公共建筑节能设计标准〉广东省实施细则》中的有关规定值，应在进行逐项逐时冷负荷计算的基础上选择空调制冷机组		冷负荷计算书，性能系统、COP参数	无	暖通	初设、施工图
		4.2.3 采用集中空调系统的住宅，应设置室温调节设施。采用区域供冷的应设置冷量计量装置		设调节温度或者风量、水量的措施，如遥控器和液晶温控器（三速开关）联控；区域供冷时设置流量计等措施	无	暖通	初设、施工图
	一般项	4.2.4 利用场地自然条件，合理设计建筑体形、朝向、楼距和窗墙（地）面积比，使住宅获得良好的日照、通风和采光，并根据需要设遮阳设施	基本要求：至少满足4条一般项：推荐满足4.2.4条、4.2.5条、4.2.6条、4.2.7条，不产生增量成本。另外看项目自身条件是否满足4.2.8条、4.2.10条	合理规划建筑布局，保证足够的楼距，建构开敞的空间。建筑单体设计时，体形系数、朝向、窗墙面积比和外窗可开启面积满足建筑节能设计标准的参数要求	无	建筑、暖通	初设、施工图
		4.2.5 选用效率高的用能设备和系统。集中采暖系统热水循环水泵的耗电输热比，集中空调系统风机单位风量耗功率和冷热水输送能效比符合《DBJ15-51—2007〈公共建筑节能设计标准〉广东省实施细则》的规定		输配系统节能技术	无	暖通	初设、施工图

指标名称	类别	条文	二星 A 推荐组合	技术内容	增量成本（元/m²）	涉及专业、单位	控制阶段
		4.2.6 当采用集中空调系统时,所选用的冷水机组或单元式空调机组的性能系数、能效比比《DBJ15 - 51—2007〈公共建筑节能设计标准〉广东省实施细则》中的有关规定值高一个等级		空调（制冷、热）系统节能控制技术	无	暖通	初设、施工图
		4.2.7 公共场所和公共部位的照明采用高效光源、高效灯具和低损耗镇流器等附件,并采取其他节能控制措施,在有自然采光的区域设定时或光电控制时	当住宅未采用集中空调系统时,基本要求:至少满足 2 条一般项即可: 推荐满足4.2.4条、4.2.7条; 根据项目条件,再判定4.2.10条是否符合	节能灯,智能照明节能控制技术	无	电气	初设、施工图
		4.2.8 采用集中空调系统的住宅,设置能量回收系统(装置)		新风换气机等	5	暖通	初设、施工图
		4.2.9 根据当地气候和自然资源条件,充分利用太阳能、地热能等可再生能源。可再生能源的使用量占建筑总能耗的比例大于 5%,或 50% 以上的生活热水由可再生能源提供		太阳能热水系统等	30	建筑、给排水	初设、施工图
		4.2.10 住宅的屋顶采用绿化隔热措施的面积达到可采用面积的 40% 以上,或者东、西外墙采用绿化隔热措施的面积达到可采用面积的 30% 以上		屋顶绿化、垂直绿化	3	建筑、景观	初设、施工图
		4.2.11 住宅墙面采用浅色外饰面(太阳辐射吸收系数 ρ 小于 0.4)的面积达到墙面面积的 80% 以上,或者 75% 以上的窗户进行有效的遮阳		浅色外饰面、遮阳	浅色隔热涂料:6 遮阳:70～500(构件面积)	建筑	初设、施工图

指标名称	类别	条文	二星A推荐组合	技术内容	增量成本（元/m²）	涉及专业、单位	控制阶段
节水与水资源利用	优选项	4.2.12 采用对比评定法，按《DBJ15-50—2006〈夏热冬暖地区居住建筑节能设计标准〉广东省实施细则》规定的计算条件计算，所涉及建筑的采暖和（或）空调能耗不超过"参照建筑"能耗的80%	设计标识优选项共需满足2条，推荐满足4.1.19条、4.2.12条；运行标识优选项共需满足3条，推荐满足4.1.19条、4.2.12条、4.6.13条	优化围护结构、控制窗墙比	30～60	建筑、暖通	初设、施工图
		4.2.13 可再生能源的使用量占建筑总能耗的比例大于10%，或80%以上的生活热水由可再生能源提供		太阳能热水系统等	30	建筑、给排水	初设、施工图
	控制项	4.3.1 在方案、规划阶段，根据本地水资源状况、气候特征，以"低质低用，优质优用"原则，制定合理的建筑水（环境）系统规划方案	控制项需全部满足	提供水系统规划方案专篇报告	无	给排水	规划、初设、施工图
		4.3.2 采取有效措施避免管网漏损		密封性能好的给水塑料管道系统、阀门；合理设计供水压力，水计量，管道基础处理和覆土控制	无	给排水	初设、施工图
		4.3.3 采用节水器具和设备		节水龙头、坐便器、淋浴器	无	给排水	初设、施工图
		4.3.4 景观用水不应采用市政供水和自备地下水井供水		收集利用雨水、中水回用	无	给排水	初设、施工图
		4.3.5 使用非传统水源时，采取用水安全保障措施，且不得对人体健康与周围环境产生不良影响		消毒、杀菌，非传统用水安全保障，水源水质保障	无	给排水	初设、施工图
		4.3.6 采取有效措施，使得污水不污染雨水等可再利用的水资源，尽量减少雨水流入污水管网		如雨水、污水分流等	无	给排水	初设、施工图
		4.3.7 有污染的自来水出水口应采取有效隔离措施		如设置隔离水箱等	无	给排水	初设、施工图

指标名称	类别	条文	二星 A 推荐组合	技术内容	增量成本（元/m²）	涉及专业、单位	控制阶段
节水与水资源利用	一般项	4.3.8 合理设计雨水（包括地面雨水、建筑屋面雨水）的径流控制利用途径，减少雨水受污染几率，削减雨洪峰流量	基本要求：至少满足 4 条一般项：推荐满足 4.3.8 条、4.3.9 条、4.3.10 条、4.3.12 条，产生增量成本较少，为 10 ～ 15 元/m²	雨水入渗等	3	规划、建筑、给排水、景观	初设、施工图
		4.3.9 绿化用水、洗车用水等非饮用用水采用再生水、雨水等非传统水源		雨水利用、中水回用	5 ～ 10	建筑、给排水、景观	初设、施工图
		4.3.10 绿化灌溉采用喷灌、微灌等高效节水灌溉方式		喷灌、微灌	2 ～ 5	给排水、景观	初设、施工图
		4.3.11 非饮用水采用再生水时，优先利用附近集中再生水厂的再生水；附近没有集中再生水厂时，通过技术经济比较，合理选择其他再生水水源和处理技术		中水处理回用	5 ～ 10	给排水、专业公司	初设、施工图
		4.3.12 通过技术经济比较，合理确定雨水集蓄及利用方案		雨水收集利用规划	5 ～ 10	建筑、给排水、专业公司	初设、施工图
		4.3.13 非传统水源利用率不低于10%，或者30%的杂用水采用非传统水源		绿化、道路冲洗等	5 ～ 10	建筑、给排水、专业公司	初设、施工图
	优选项	4.3.14 非传统水源利用率不低于30%，或者70%的杂用水采用非传统水源	该等级对该类别优选项无要求	绿化、道路冲洗、冲厕等	10 ～ 20	建筑、给排水、专业公司	初设、施工图
节材与材料资源利用	控制项	4.4.1 建筑材料中有害物质含量符合现行国家标准 GB 18580 ～ GB 18588 和《GB 6566—2001 建筑材料放射性核素限量》的要求	控制项需全部满足	检测报告（设计不参评）	无	业主	施工、竣工
		4.4.2 建筑造型要素简约，无大量装饰性构件。女儿墙高度未超过规范要求的 2 倍		造型节材	无	建筑、结构	初设、施工图

指标名称	类别	条文	二星A推荐组合	技术内容	增量成本（元/m²）	涉及专业、单位	控制阶段
一般项		4.4.3 施工现场500km以内生产的建筑材料重量占建筑材料总重量的70%以上	基本要求：至少满足4条一般项；设计标识阶段的基本要求：至少满足2条一般项：精装修：推荐满足4.4.4条、4.4.8条，不产生增量成本。毛坯：推荐满足4.4.4条、4.4.7条（或4.4.5条），增量成本5～10元/m²。运行标识阶段：推荐满足4.4.3条、4.4.4条、4.4.8条（毛坯交楼时4.4.7条）、4.4.6条（或4.4.9条），不产生增量成本。4.4.7条、4.4.8条均不能满足时，采用4.4.5条	就地取材	无	业主、施工单位	施工阶段
		4.4.4 现浇混凝土采用预拌混凝土		设计说明注明采用预拌混凝土	无	结构	初设、施工图
		4.4.5 6层以上的钢筋混凝土建筑，建筑结构材料合理采用高性能混凝土、高强度钢		高性能混凝土、高强度钢	5～10	建筑、结构	初设、施工图
		4.4.6 对建筑施工、旧建筑拆除和场地清理产生的固体废弃物分类处理；建筑施工、旧建筑拆除和场地清理产生的固体废弃物（含可再利用材料、可再循环材料）回收利用率不低于20%		材料回收再利用（设计不参评）	无	施工单位	施工阶段
		4.4.7 在保证再循环使用材料的安全性和保证环保性前提下，设计过程考虑选用具有可再循环使用的建筑材料，并且设计方案中使用了可再循环材料；工程材料决算清单中的可再循环材料重量占所用建筑材料总重量的比例不低于10%		充分使用金属材料（钢材、铜）玻璃、石膏制品、木材	无	建筑、结构、概算	施工图、施工阶段
		4.4.8 土建与装修工程一体化设计施工，不破坏和拆除已有的建筑构件及设施		精装修或套餐式装修模式、建筑构件及预制化技术	无	建筑、装修	施工图、装修设计阶段
		4.4.9 在保证性能、安全性和健康环保的前提下，使用以废弃物为原料生产的建筑材料，其用量占同类建筑材料的比例不低于30%		废弃物生产的建筑材料利用（设计不参评）	无	施工单位	施工阶段
	优选项	4.4.10 采用资源消耗少和对环境影响小的建筑结构体系，并对结构体系进行了优化，或者采用工业化住宅建筑体系	该等级对该类别优选项无要求	钢结构、木结构、砌体结构、预制混凝土结构	10	建筑、结构	方案、初设、施工图
		4.4.11 可再利用建筑材料的使用率大于5%		砌块、砖石、管道、板材、木地板、木制品（门窗）、钢材、钢筋、部分装饰材料等可再利用材料（设计不参评）	无	施工单位	施工阶段

指标名称	类别	条文	二星A推荐组合	技术内容	增量成本（元/m²）	涉及专业、单位	控制阶段
室内环境质量	控制项	4.5.1 住宅建筑的日照满足所在城市（地级以上）现行详细控规要求。当该城市无具体要求时，每套住宅至少有1个居住空间满足《GB 50180—1993 城市居住区规划设计规范》中有关住宅建筑日照标准的要求	控制项需全部满足	日照分析报告	无	规划、建筑	规划、初设、施工图
		4.5.2 卧室、起居室（厅）、书房、厨房设置外窗，卧室、主起居室（客厅）、书房的采光系数不低于现行国家标准《GB 50033—2001 建筑采光设计标准》的规定		门窗表面积比、窗地面积比、采光模拟报告	无	建筑	初设、施工图
		4.5.3 对建筑围护结构采取有效的隔声、减噪措施。卧室的允许噪声级在关窗状态下白天不大于45 dB(A)，夜间不大于37dB(A)。起居室的允许噪声级在关窗状态下白天和夜间不大于45 dB(A)。楼板和分户墙的空气声计权隔声量 + 粉红噪声频谱修正量不小于45dB，楼板的计权标准化撞击声声压级不大于75dB。户门的空气声计权隔声量 + 粉红噪声频谱修正量不小于25dB；外窗的空气声计权隔声量 + 粉红噪声频谱修正量不小于25dB，沿交通干线时的噪声频谱修正量不小于30dB		平面设计优化，绿化隔声，门窗、楼板隔声、减噪措施，设备间的防振、减噪措施；隔声量计算报告	铺设木地板时无增量成本；毛坯或者采用地砖装修时，增加约30元/m²	建筑、装修	初设、施工图、精装修阶段
		4.5.4 居住空间能自然通风，通风开口面积不小于该房间地板面积的10%，或者达到外门窗面积的45%以上		增加门窗可开启面积	无	建筑	初设、施工图
		4.5.5 室内游离甲醛、苯、氨、氡和TVOC等空气污染物浓度符合现行国家标准《GB 50325—2010 民用建筑室内环境污染控制规范》的规定		检测报告（设计不参评）	无	业主、装修、施工单位	装修、施工
		4.5.6 首层卧室、起居室、半地下、地下空间采取有效措施防止发霉		使用密封性能好的门窗、使用易于清洁的瓷砖或涂料、吸湿性面层材料	无	建筑、装修	初设、施工图、装修

指标名称	类别	条文	二星 A 推荐组合	技术内容	增量成本（元/m²）	涉及专业、单位	控制阶段
一般项		4.5.7　居住空间开窗具有良好的视野,且避免户间居住空间的视线干扰。当 1 套住宅设有 2 个及 2 个以上卫生间时,至少有 1 个卫生间设有外窗	基本要求:至少满足 4 条一般项;推荐满足4.5.7 条、4.5.8条、4.5.9 条、4.5.12条,不产生增量成本。4.5.11 条也可满足	视野优化及私密性	无	规划、建筑	规划、初设、施工图
		4.5.8　在自然通风条件下,房间的屋顶和东、西外墙内表面的最高温度满足现行国家标准《GB 50176—1993 民用建筑热工设计规范》的夏季隔热要求		隔热	无	建筑	初设、施工图
		4.5.9　设集中采暖和（或）空调系统（设备）的住宅,运行时各个房间用户均可根据需要对所在房间室温进行调控		室温可调	无	暖通	初设、施工图
		4.5.10　住宅的卧室、起居室外窗均采用可调节外遮阳或中间遮阳设施,防止夏季太阳辐射透过窗户玻璃直接进入室内。可调节遮阳充分考虑遮阳效果、自然采光和视觉影响等因素		构造遮阳、百叶、卷帘外遮阳、百叶中间遮阳	70～500（构件面积）	建筑	初设、施工图
		4.5.11　采取有效措施防止春季泛潮、发霉		采用室外饰面材料或容易清洗的材料,使用密封性能好的门窗	无	建筑、装修	初设、施工图、装修
		4.5.12　多层及高层建筑采取有效措施防止风啸声发生		使用密封性能好的门窗	无	建筑	初设、施工图
		4.5.13　设置通风换气装置或室内空气质量监测装置		新风换气系统,室内污染 CO_2 浓度监控系统	10	暖通	初设、施工图
优选项		4.5.14　卧室、起居室（厅）使用蓄能、调湿或改善室内空气质量的功能材料	该等级对该类别优选项无要求	空气净化功能纳米复相涂覆材料、产生负离子功能材料、稀土激活保健抗菌材料、光触媒、竹炭等材料（设计不参评）	5	建筑、装修	初设、施工图、装修

指标名称	类别	条文	二星 A 推荐组合	技术内容	增量成本（元/m²）	涉及专业、单位	控制阶段
运营管理	控制项	4.6.1 制定并实施节能、节水、节材与绿化管理制度	控制项需全部满足	管理制度	无	物业公司	建筑使用阶段
		4.6.2 住宅的水、电、燃气表具齐全，且实行分户、分类计量与收费		每户设置电表、水表、燃气表	无	设备各专业、物业公司	施工图、建筑使用阶段
		4.6.3 制定垃圾分类及收集管理制度，对垃圾物流进行有效控制，对有用废品进行分类收集，对有害废弃物实行控制，禁止出现垃圾无序倾倒和二次污染		垃圾管理制度、垃圾深度分类收集方案	无	物业公司	建筑使用阶段
		4.6.4 设置密闭的垃圾容器，并有严格的保洁清洗措施，生活垃圾袋装化存放。垃圾容器的数量、外观色彩及标志应符合垃圾分类收集的要求，规格应符合国家有关标准		垃圾站清洗设施	无	物业公司	建筑使用阶段
		4.6.5 住区设置应急广播系统		设计应急广播系统	0 ～ 8	电气	施工图、建筑使用阶段
	一般项	4.6.6 垃圾站（间）设冲洗和排水设施。能及时（至少每天一次）清运存放垃圾、不污染环境、不散发臭味	基本要求：至少满足 5 条一般项；设计标识阶段的基本要求：至少满足 1 条一般项；推荐满足 4.6.7 条、4.6.12 条，不产生增量成本。运行标识阶段：推荐满足 4.6.6 条、4.6.7 条、4.6.8 条、4.4.9 条、4.6.12 条，不产生增量成本	垃圾站清洗设施	无	给排水，物业公司	施工图、建筑使用阶段
		4.6.7 智能化系统定位正确，采用的技术先进、实用、可靠，达到安全防范子系统、管理与设备监控子系统与信息网络子系统的基本配置要求		安全防范子系统、信息网络子系统、信息管理子系统	无	电气	施工图、建筑使用阶段
		4.6.8 采用无公害病虫害防治技术，规范杀虫剂、除草剂、化肥、农药等化学药品的使用，有效避免对土壤和地下水环境的损害		绿化管理制度	无	物业公司	建筑使用阶段

指标名称	类别	条文	二星A推荐组合	技术内容	增量成本（元/m²）	涉及专业、单位	控制阶段
运营管理		4.6.9 保证树木有较高的成活率,植物生长状态良好		绿化维护	无	物业公司	建筑使用阶段
		4.6.10 物业管理部门通过ISO14001环境管理体系认证		绿色物业管理	无	物业公司	建筑使用阶段
		4.6.11 垃圾分类收集率(实行垃圾分类收集的住户占总住户数的比例)达90%以上		垃圾管理制度	无	物业公司	建筑使用阶段
		4.6.12 设备、管道的设置方便维修、改造和更换		应将管道设置在公共部位,属公共使用功能的设备、管道设置在公共部位,以便于日常维修与更换	无	建筑、设备	施工图、建筑使用阶段
	优选项	4.6.13 对可生物降解垃圾进行单独收集或设置可生物降解垃圾处理房。垃圾收集或垃圾处理房设有风道或排风、冲洗和排水设施,处理过程无二次污染	设计标识优选项共需满足2条,推荐满足4.1.19条、4.2.12条;运行标识优选项共需满足3条,推荐满足4.1.19条、4.2.12条、4.6.13条	有机垃圾生化处理技术(设计标识不参评)	5	建筑、物业公司	施工图、建筑使用阶段
汇总		二星A绿色建筑,精装修时:参考增量成本85～105元/m²。毛坯时:参考增量成本95～125元/m²。 注明:以上数据不包含咨询费用、评审费用					

7.3 三星级绿色建筑方案优选指南

7.3.1 三星级绿色建筑方案优选指南（按国标）

表7-6 三星级绿色建筑方案优选指南（按国标）

指标名称	类别	条文	三星级推荐组合	技术内容	增量成本（元/m²）	涉及专业、单位	控制阶段
节地与室外环境	控制项	4.1.1 场地建设不破坏当地文物、自然水系、湿地、基本农田、森林和其他保护区	控制项需全部满足	利用原有场地自然生态条件,适当保留原生地貌。规划设计避免破坏原生水系及其走向	无	规划	规划
		4.1.2 建筑场地选址无洪涝灾害、泥石流及含氡土壤的威胁。建筑场地安全范围内无电磁辐射危害和火、爆、有毒物质等危险源		土壤含氡浓度检测报告	无	业主	规划
		4.1.3 人均居住用地指标:低层不高于43 m²、多层不高于28m²、中高层不高于24 m²、高层不高于15 m²		核算人均用地指标	无	规划、建筑	规划、初设、施工图
		4.1.4 住区建筑布局保证室内外的日照环境、采光和通风的要求,满足现行国家标准《GB 50180—1993 城市居住区规划设计规范》中有关住宅建筑日照标准的要求		日照模拟分析,计算并分析场地日照小时数	无	规划、建筑	规划、初设、施工图
		4.1.5 种植适应当地气候和土壤条件的乡土植物,选用少维护、耐候性强、病虫害少、对人体无害的植物		种植适应广东当地气候和土壤条件的乡土植物	无	景观	初设、施工图
		4.1.6 住区的绿地率不低于30%,人均公共绿地面积不低于1m²		绿地率指标计算	无	规划、景观	规划、初设、施工图
		4.1.7 住区内无排放超标的污染源		合理规划布局各功能建筑,对油烟未达标排放的厨房、车库,超标排放的垃圾站、垃圾处理场及其他项目等可能污染源进行处理	无	规划、建筑	规划、初设、施工图
		4.1.8 施工过程中制定并实施保护环境的具体措施,控制由于施工引起的大气污染、土壤污染、噪声影响、水污染、光污染以及对场地周边区域的影响		合理施工(设计不参评)	无	施工单位	施工

指标名称	类别	条文	三星级推荐组合	技术内容	增量成本（元/m²）	涉及专业、单位	控制阶段
	一般项	4.1.9　住区公共服务设施按规划配建,合理采用综合建筑并与周边地区共享	基本要求:至少满足 6 条一般项: 根据项目条件及特点,推荐满足 4.1.9 条、4.1.13 条、4.1.14 条、4.1.15 条、4.1.16 条。 根据项目自身条件,可选择 4.1.11 条或 4.1.12 条。 产生增量成本约 4 元/m²	社区资源共享	无	规划、建筑	初设、施工图
		4.1.10　充分利用尚可使用的旧建筑		旧建筑利用可行性分析及旧有建筑改造	无	规划、建筑	初设、施工图
		4.1.11　住区环境噪声符合现行国家标准《GB 3096—2008 城市区域环境噪声标准》的规定		强噪声源掩蔽措施,基于声环境优化的场地分布,降噪路面等	0～1	建筑	初设、施工图
		4.1.12　住区室外日平均热岛强度不高于 1.5℃		小区自然通风,较大面积绿地、水体,浅色饰面、景观遮阳等	无	规划、建筑、景观	规划、初设、施工图
		4.1.13　住区风环境有利于冬季室外行走舒适及过渡季、夏季的自然通风		通风环境模拟技术	无	建筑	初设、施工图
		4.1.14　根据当地的气候条件和植物自然分布特点,栽植多种类型植物,乔、灌、草结合构成多层次的植物群落,每 100m² 绿地上不少于 3 株乔木		景观复层绿化设计	无	景观	初设、施工图
		4.1.15　选址和住区出入口的设置方便居民充分利用公共交通网络。住区出入口到达公共交通站点的步行最长距离不超过 500m		住区出入口规划合理	无	规划、建筑	规划、初设、施工图
		4.1.16　住区非机动车道路、地面停车场和其他硬质铺地采用透水地面,并利用园林绿化提供遮阳。室外透水地面面积比不小于 45%		绿地、植草砖等	3	景观	初设、施工图
	优选项	4.1.17　合理开发利用地下空间	设计标识优选项共需满足 3 条: 推荐满足 4.1.17 条、4.2.10 条、4.2.11 条（或 4.3.12 条）; 运行标识优选项共需满足 5 条,推荐满足 4.1.17 条、4.2.10 条、4.2.11 条、4.3.12 条、4.6.12 条	地下空间设计	无	建筑	初设、施工图
		4.1.18　合理选用废弃场地进行建设。对已被污染的废弃地,进行处理并达到有关标准		和地块性质有关		规划、建筑	规划、初设、施工图

175

指标名称	类别	条文	三星级推荐组合	技术内容	增量成本（元/m²）	涉及专业、单位	控制阶段
节能与能源利用	控制项	4.2.1 住宅建筑热工设计和暖通空调设计符合国家和地方居住建筑节能标准的规定	控制项需全部满足	居住建筑围护结构的热工性能参数严格按照国家或地方的居住建筑节能设计标准的要求来设定	无	建筑、暖通	初设、施工图
		4.2.2 当采用集中空调系统时，所选用的冷水机组或单元式空调机组的性能系数、能效比符合现行国家标准《GB 50189—2005 公共建筑节能设计标准》中的有关规定值		冷负荷计算书，性能系统、COP 参数	无	暖通	初设、施工图
		4.2.3 采用集中采暖和（或）集中空调系统的住宅，设置室温调节和热量计量设施		设调节温度或者风量、水量的措施，如遥控器和液晶温控器（三速开关）联控；区域供冷时设置流量计等措施	无	暖通	初设、施工图
	一般项	4.2.4 利用场地自然条件，合理设计建筑体形、朝向、楼距和窗墙面积比，使住宅获得良好的日照、通风和采光，并根据需要设遮阳设施	基本要求：至少满足 4 条一般项：推荐满足 4.2.4 条、4.2.5 条、4.2.6 条、4.2.7 条。另外也可满足 4.2.8 条、4.2.10 条、4.2.9 条。当住宅未采用集中空调系统时，基本要求：至少满足 2 条一般项即可：推荐满足 4.2.4 条、4.2.7 条	合理规划建筑布局，保证足够的楼距，建构开敞的空间。建筑单体设计时，体形系数、朝向、窗墙面积比和外窗可开启面积满足建筑节能设计标准的参数要求	无	建筑、暖通	初设、施工图
		4.2.5 选用效率高的用能设备和系统。集中采暖系统热水循环水泵的耗电输热比，集中空调系统风机单位风量耗功率和冷热水输送能效比符合现行国家标准《GB 50189—2005 公共建筑设计标准》的规定		输配系统节能技术	无	暖通	初设、施工图
		4.2.6 当采用集中空调系统时，所选用的冷水机组或单元式空调机组的性能系数、能效比比现行国家标准《GB 50189—2005 公共建筑节能设计标准》中的有关规定值高一个等级		空调（制冷、热）系统节能控制技术	无	暖通	初设、施工图
		4.2.7 公共场所和公共部位的照明采用高效光源、高效灯具和低损耗镇流器等附件，并采取其他节能控制措施，在有自然采光的区域设定时或光电控制时		节能灯，智能照明节能控制技术	无	电气	初设、施工图

指标名称	类别	条文	三星级推荐组合	技术内容	增量成本（元/m²）	涉及专业、单位	控制阶段
		4.2.8 采用集中采暖或空调系统的住宅，设置能量回收系统(装置)		新风换气机等	5	暖通	初设、施工图
		4.2.9 根据当地气候和自然资源条件，充分利用太阳能、地热能等可再生能源。可再生能源的使用量占建筑总能耗的比例大于5%		太阳能热水系统等	30	建筑、给排水	初设、施工图
	优选项	4.2.10 采暖和(或)空调能耗不高于国家和地方建筑节能标准规定值的80%	设计标识优选项共需满足3条：推荐满足4.1.19条、4.2.12条、4.2.13条(或4.3.14条)；运行标识优选项共需满足5条：推荐满足4.1.19条、4.2.12条、4.2.13条、4.3.14条、4.6.13条。产生增量成本约60～90元/m²	优化围护结构、控制窗墙比	30～60	建筑、暖通	初设、施工图
		4.2.11 可再生能源的使用量占建筑总能耗的比例大于10%		太阳能热水系统等	30	建筑、给排水	初设、施工图
节水与水资源利用	控制项	4.3.1 在方案、规划阶段制定水系统规划方案，统筹、综合利用各种水资源		水系统规划	无	给排水	规划、初设、施工图
		4.3.2 采取有效措施避免管网漏损	控制项需全部满足	密封性能好的给水塑料管道系统、阀门；合理设计供水压力，水计量，管道基础处理和覆土控制	无	给排水	初设、施工图
		4.3.3 采用节水器具和设备，节水率不低于8%		节水龙头、坐便器、淋浴器	无	给排水	初设、施工图
		4.3.4 景观用水不应采用市政供水和自备地下水井供水		收集利用雨水、中水回用	无	给排水	初设、施工图
		4.3.5 使用非传统水源时，采取用水安全保障措施，且不得对人体健康与周围环境产生不良影响		消毒、杀菌，非传统用水安全保障、水源水质保障	无	给排水	初设、施工图

指标名称	类别	条文	三星级推荐组合	技术内容	增量成本（元/m²）	涉及专业、单位	控制阶段
	一般项	4.3.6 合理规划地表与屋面雨水径流途径,降低地表径流,采用多种渗透措施增加雨水渗透量		雨水入渗等	3	规划、建筑、给排水、景观	初设、施工图
		4.3.7 绿化用水、洗车用水等非饮用用水采用再生水、雨水等非传统水源		雨水利用、中水回用	5～10	建筑、给排水、景观	初设、施工图
		4.3.8 绿化灌溉采用喷灌、微灌等高效节水灌溉方式	基本要求:至少满足 5 条一般项; 推荐满足 4.3.6 条、4.3.7 条、4.3.8 条、4.3.9 条、4.3.10 条,产生增量成本约 25 元/m²	喷灌、微灌	2～5	给排水、景观	初设、施工图
		4.3.9 非饮用水采用再生水时,优先利用附近集中再生水厂的再生水;附近没有集中再生水厂时,通过技术经济比较,合理选择其他再生水水源和处理技术		中水处理回用	5～10	给排水、专业公司	初设、施工图
		4.3.10 通过技术经济比较,合理确定雨水集蓄及利用方案		雨水收集利用规划	无	建筑、给排水、专业公司	初设、施工图
		4.3.11 非传统水源利用率不低于10%		绿化、道路冲洗等	5～10	建筑、给排水、专业公司	初设、施工图
	优选项	4.3.12 非传统水源利用率不低于30%	设计标识优选项共需满足 3 条:推荐满足 4.1.19 条、4.2.12 条、4.2.13 条（或 4.3.14 条）; 运行标识优选项共需满足 5 条:推荐满足 4.1.19 条、4.2.12 条、4.2.13 条、4.3.14 条、4.6.13 条	绿化、道路冲洗、冲厕等	10～20	建筑、给排水、专业公司	初设、施工图
节材与材料资源利用	控制项	4.4.1 建筑材料中有害物质含量符合现行国家标准 GB 18580～GB 18588 和《GB 6566—2010 建筑材料放射性核素限量》的要求	控制项需全部满足	检测报告（设计不参评）	无	业主	施工、竣工
		4.4.2 建筑造型要素简约,无大量装饰性构件		造型节材	无	建筑、结构	初设、施工图

指标名称	类别	条文	三星级推荐组合	技术内容	增量成本（元/m²）	涉及专业、单位	控制阶段
	一般项	4.4.3　施工现场 500km 以内生产的建筑材料重量占建筑材料总重量的 70% 以上	基本要求：至少满足 5 条一般项；设计标识阶段的基本要求：至少满足 2 条一般项；精装修：推荐满足 4.4.4 条、4.4.8 条，不产生增量成本。毛坯：推荐满足 4.4.4 条、4.4.5 条，增量成本 5～10 元/m²。运行标识阶段：推荐满足 4.4.3 条、4.4.4 条、4.4.6 条、4.4.8 条（毛坯交楼时 4.4.7 条或 4.4.5 条）、4.4.9 条	就地取材	无	业主、施工单位	施工阶段
		4.4.4　现浇混凝土采用预拌混凝土		设计说明注明采用预拌混凝土	无	结构	初设、施工图
		4.4.5　建筑结构材料合理采用高性能混凝土、高强度钢		高性能混凝土、高强度钢	5～10	建筑、结构	初设、施工图
		4.4.6　将建筑施工、旧建筑拆除和场地清理时产生的固体废弃物分类处理，并将其中可再利用材料、可再循环材料回收和再利用		材料回收再利用（设计不参评）	无	施工单位	施工阶段
		4.4.7　在建筑设计选材时考虑使用材料的可再循环使用性能。在保证安全和不污染环境的情况下，可再循环材料使用重量占所用建筑材料总重量的 10% 以上		充分使用金属材料（钢材、铜）、玻璃、石膏制品、木材	无	建筑、结构、概算	施工图、施工阶段
		4.4.8　土建与装修工程一体化设计施工，不破坏和拆除已有的建筑构件及设施		精装修，或套餐式装修模式、建筑构件及预制化技术	无	建筑、装修	装修设计阶段
		4.4.9　在保证性能的前提下，使用以废弃物为原料生产的建筑材料，其用量占同类建筑材料的比例不低于 30%		废弃物生产的建筑材料利用（设计不参评）	无	施工单位	施工阶段
	优选项	4.4.10　采用资源消耗少和对环境影响小的建筑结构体系	该等级对该类别优选项无要求	钢结构、木结构、砌体结构、预制混凝土结构	10	建筑、结构	方案、初设、施工图
		4.4.11　可再利用建筑材料的使用率大于 5%		砌块、砖石、管道、板材、木地板、木制品（门窗）、钢材、钢筋、部分装饰材料等可再利用材料（设计不参评）	无	施工单位	施工阶段
室内环境质量	控制项	4.5.1　每套住宅至少有 1 个居住空间满足日照标准的要求。当有 4 个及 4 个以上居住空间时，至少有 2 个居住空间满足日照标准的要求	控制项需全部满足	日照分析报告	无	规划、建筑	规划、初设、施工图
		4.5.2　卧室、起居室（厅）、书房、厨房设置外窗，房间的采光系数不低于现行国家标准《GB 50033—2001 建筑采光设计标准》的规定		门窗表面积比、窗地面积比、采光模拟报告	无	建筑	初设、施工图

指标名称	类别	条文	三星级推荐组合	技术内容	增量成本（元/m²）	涉及专业、单位	控制阶段
		4.5.3 对建筑围护结构采取有效的隔声、减噪措施。卧室、起居室的允许噪声级在关窗状态下白天不大于 45 dB（A），夜间不大于 35 dB（A）。楼板和分户墙的空气声计权隔声量不小于 45dB，楼板的计权标准化撞击声声压级不大于 70dB。户门的空气声计权隔声量不小于 30dB；外窗的空气声计权隔声量不小于 25dB，沿街时的空气声计权隔声量不小于 30dB		平面设计优化，绿化隔声，门窗、楼板隔声、减噪措施，设备间的防振、减噪措施；隔声量计算报告	铺设木地板时无增量成本；毛坯或者采用地砖装修时，增加约 30 元/m²	建筑、装修	初设、施工图、精装修阶段
		4.5.4 居住空间能自然通风，通风开口面积在夏热冬暖和夏热冬冷地区不小于该房间地板面积的 8%，在其他地区不小于 5%		增加门窗可开启面积	无	建筑	初设、施工图
		4.5.5 室内游离甲醛、苯、氨、氡和 TVOC 等空气污染物浓度符合现行国家标准《GB 50325—2010 民用建筑室内环境污染控制规范》的规定		检测报告（设计不参评）	无	施工单位	施工、竣工
	一般项	4.5.6 居住空间开窗具有良好的视野，且避免户间居住空间的视线干扰。当 1 套住宅设有 2 个及 2 个以上卫生间时，至少有 1 个卫生间设有外窗	基本要求：无采暖时，至少满足 3 条一般项：推荐满足 4.5.6 条、4.5.8 条、4.5.9 条，不产生增量成本。4.5.11 条可看项目自身情况是否满足	视野优化及私密性	无	规划、建筑	规划、初设、施工图
		4.5.7 屋面、地面、外墙和外窗的内表面在室内温、湿度设计条件下无结露现象		广东地区因不采暖，此条不参评			
		4.5.8 在自然通风条件下，房间的屋顶和东、西外墙内表面的最高温度满足现行国家标准《GB 50176—1993 民用建筑热工设计规范》的夏季隔热要求		隔热	无	建筑	初设、施工图
		4.5.9 设采暖和（或）空调系统（设备）的住宅，运行时用户可根据需要对室温进行调控		室温可调	无	暖通	初设、施工图

180

指标名称	类别	条文	三星级推荐组合	技术内容	增量成本（元/m²）	涉及专业、单位	控制阶段
	优选项	4.5.10　采用可调节外遮阳装置，防止夏季太阳辐射透过窗户玻璃直接进入室内		构造遮阳、百叶、卷帘外遮阳、百叶中间遮阳	70～500（构件面积）	建筑	初设、施工图
		4.5.11　设置通风换气装置或室内空气质量监测装置		新风换气系统，室内污染 CO_2 浓度监控系统	10	暖通	初设、施工图
		4.5.12　卧室、起居室（厅）使用蓄能、调湿或改善室内空气质量的功能材料	该等级对该类别优选项无要求	空气净化功能纳米复相涂覆材料、产生负离子功能材料、稀土激活保健抗菌材料、光触媒、竹炭等材料（设计不参评）	5	建筑、装修	初设、施工图、装修
运营管理	控制项	4.6.1　制定并实施节能、节水、节材与绿化管理制度		管理制度	无	物业公司	建筑使用阶段
		4.6.2　住宅水、电、燃气分户、分类计量与收费		每户设置电表、水表、燃气表	无	设备各专业、物业公司	施工图、建筑使用阶段
		4.6.3　制定垃圾管理制度，对垃圾物流进行有效控制，对废品进行分类收集，防止垃圾无序倾倒和二次污染	控制项需全部满足	垃圾管理制度、垃圾深度分类收集方案	无	物业公司	建筑使用阶段
		4.6.4　设置密闭的垃圾容器，并有严格的保洁清洗措施，生活垃圾袋装化存放		垃圾站清洗设施	无	物业公司	建筑使用阶段
	一般项	4.6.5　垃圾站（间）设冲洗和排水设施。存放垃圾及时清运，不污染环境，不散发臭味	基本要求：至少满足6条一般项；设计标识阶段的基本要求：至少满足1条一般项；推荐满足4.6.6条、4.6.11条，不产生增量成本。运行标识阶段：推荐满足4.6.5条、4.6.6条、4.6.7条、4.6.8条、4.4.9条、4.6.11条，不产生增量成本	垃圾站清洗设施	无	给排水，物业公司	施工图、建筑使用阶段
		4.6.6　智能化系统定位正确，采用的技术先进、实用、可靠，达到安全防范子系统、管理与设备监控子系统与信息网络子系统的基本配置要求		安全防范子系统、信息网络子系统、信息管理子系统	无	电气	施工图、建筑使用阶段
		4.6.7　采用无公害病虫害防治技术，规范杀虫剂、除草剂、化肥、农药等化学药品的使用，有效避免对土壤和地下水环境的损害		绿化管理制度	无	物业公司	建筑使用阶段
		4.6.8　栽种和移植的树木成活率大于90%，植物生长状态良好		绿化维护	无	物业公司	建筑使用阶段

指标名称	类别	条文	三星级推荐组合	技术内容	增量成本（元/m²）	涉及专业、单位	控制阶段
		4.6.9 物业管理部门通过 ISO14001 环境管理体系认证		绿色物业管理	无	物业公司	建筑使用阶段
		4.6.10 垃圾分类收集率（实行垃圾分类收集的住户占总住户数的比例）达 90% 以上		垃圾管理制度	无	物业公司	建筑使用阶段
		4.6.11 设备、管道的设置方便维修、改造和更换		应将管道设置在公共部位,属公共使用功能的设备、管道设置在公共部位,以便于日常维修与更换	无	建筑、设备各专业	施工图、建筑使用阶段
	优选项	4.6.12 对可生物降解垃圾进行单独收集或设置可生物降解垃圾处理房。垃圾收集或垃圾处理房设有风道或排风、冲洗和排水设施,处理过程无二次污染	设计标识优选项共需满足 3 条:推荐满足 4.1.19 条、4.2.12 条、4.2.13 条(或 4.3.14 条);运行标识优选项共需满足 5 条:推荐满足 4.1.19 条、4.2.12 条、4.2.13 条、4.3.14 条、4.6.13 条	有机垃圾生化处理技术(设计标识不参评)	5	建筑专业,物业公司	施工图、建筑使用阶段
汇总		三星级绿色建筑,精装修时:参考增量成本 155 ～ 185 元/m²。毛坯时:参考增量成本 185 ～ 215 元/m²。 注明:以上数据不包含咨询费用、评审费用					

参 考 文 献

［1］ 中国建筑科学研究院,上海市建筑科学研究院.GB/T50378—2006 绿色建筑评价标准［S］.北京:中国建筑工业出版社,2006.

［2］ 广东省建筑科学研究院.GBJ/T15－83—2011 广东省绿色建筑评价标准［S］,2011.

［3］ 住房和城乡建设部科技发展促进中心.绿色建筑评价标准技术指南［M］.北京:中国建筑工业出版社,2010.

［4］ 中国城市科学研究会.绿色建筑2010［M］.北京:中国建筑工业出版社,2010.

［5］ 中国城市科学研究会.绿色建筑2011［M］.北京:中国建筑工业出版社,2011.

［6］ 中国房产信息集团,克而瑞(中国)信息技术有限公司.低碳地产先锋实战模式与绿色项目解码［M］.北京:中国建筑工业出版社,2011.